家畜阉割法及常见病防治

赵亮◎著

黄河出版传媒集团
阳光出版社

图书在版编目（CIP）数据

家畜阉割法及常见病防治 / 赵亮著. -- 银川：阳
光出版社，2012.11
　　ISBN 978-7-5525-0505-4

　　Ⅰ. ①家… Ⅱ. ①赵… Ⅲ. ①家畜－阉割－方法②家
畜疾病－防治 Ⅳ. ①S857.12②S858.2

中国版本图书馆CIP数据核字(2012)第265409号

家畜阉割法及常见病防治　　　　　　赵亮 著

责任编辑 马　晖
封面设计 王　丽
责任印制 郭迅生

黄河出版传媒集团
阳 光 出 版 社　出版发行

地　　址	银川市北京东路139号出版大厦　（750001）
网　　址	http://www.yrpubm.com
网上书店	http://www.hh-book.com
电子信箱	yangguang@yrpubm.com
邮购电话	0951-5044614
经　　销	全国新华书店
印刷装订	宁夏捷诚彩色印务有限公司
印刷委托书号	（宁）0010414

开　　本	880mm×1230mm　1/32
印　　张	3.75
字　　数	120千
版　　次	2012年12月第1版
印　　次	2012年12月第1次印刷
书　　号	ISBN 978-7-5525-0505-4/S·66
定　　价	29.50元

目 录

第一部分 家畜阉割法

一、家畜阉割准备工作 / 001

二、猪的阉割术 / 002

三、阴囊疝患猪的阉割术 / 004

四、隐睾猪的阉割术 / 008

五、大公猪的阉割术 / 011

六、小母猪的阉割术 / 013

七、大母猪的阉割术 / 018

八、公马、羊、骆驼阉割术 / 021

九、公牛阉割术 / 025

十、猪、马、牛、羊等家畜的肌肉注射及静脉注射部位 / 028

第二部分 家畜传染病防治

一、家畜传染病 / 032

二、传染过程和流行过程 / 032

三、防疫措施 / 033

四、多种畜禽共患的传染病 / 033

第三部分　家畜寄生虫病

一、寄生虫的生活史和传播方式 / 043

二、寄生虫的危害性 / 044

三、寄生虫病的综合防治措施 / 044

四、动物驱虫的注意事项 / 044

五、家畜常见寄生虫病 / 045

第四部分　家畜中毒防治

一、家畜中毒疾病、家畜中毒概述 / 077

二、家畜常见中毒种类 / 080

第五部分　家畜常用中草药及配方

一、家畜的常用健脾与理气中草药 / 099

二、泻下药 / 101

1. 攻下药 / 101

2. 润下药 / 101

三、渗湿逐水药 / 101

1. 渗湿药 / 101

2. 逐水药 / 102

四、固涩药 / 103

1. 涩肠止泻药 / 103

2. 敛汗固精药 / 103

五、解表药 / 103

    1. 发散分寒药 / 103

    2. 发散风热药 / 104

六、清热解毒药 / 104

    1. 清热泻火药 / 104

    2. 清热凉血药 / 105

    3. 清热解毒药 / 105

七、止咳化痰平喘药 / 106

    1. 清痰药 / 106

    2. 温痰药 / 107

八、止咳平喘药 / 107

九、芳香开窍药 / 108

十、除寒药 / 108

十一、补养药 / 109

    1. 补气药 / 109

    2. 补血药 / 109

    3. 助阳药 / 110

    4. 养阴药 / 110

十二、理血药 / 111

    1. 活血药 / 111

    2. 止血药 / 112

十三、祛风湿药 / 112

十四、安神镇惊药 / 112

    1. 安神定志药 / 112

    2. 熄风镇惊药 / 113

十五、平肝明目药 / 113

十六、驱虫杀虫药 / 114

十七、催情药 / 115

十八、催乳药 / 115

十九、外用药 / 115

后记 / 117

第一部分　家畜阉割法

家畜阉割术在我国有着悠久的历史,有文字记载的历史就有1500多年。家畜阉割术是去除或破坏家畜性器官(卵巢或睾丸),使其失去家畜生殖功能,易于役使和生长的手术。

一、家畜阉割准备工作

1. 准备科刀、直剪、阉割用固定钳、捻转钳、缝针、缝线、止血钳和镊子等,煮沸消毒后备用。

2. 准备来苏儿、酒精、碘酊棉、0.5%普鲁卡因、消炎粉或碘仿粉等药物。

3. 术者和助手用1%来苏儿洗手,用灭菌毛巾或纱布擦干,然后用75%酒精棉充分擦手,用碘酊棉擦指甲缝。

4. 阉割当天或前一天家畜减食,猪、鸡禁食。

5. 为防止感染破伤风病,应注射破伤风抗毒素。

6 5 4 3 2 1

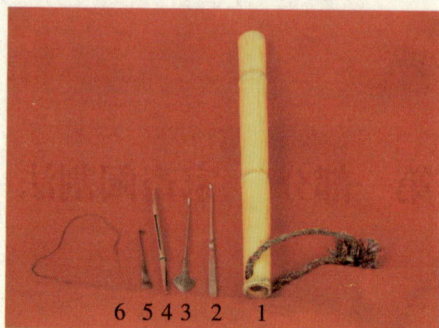

1 咧鼻　　2 小挑刀　　3 桃形刀
4 管形刀　　5 切挑刀　　6 缝合用针线

二、猪的阉割术

小公猪的阉割。以 1~2 月龄或体重 5~10 千克最为适宜,大公猪则不受年龄限制。

阉割前,对猪应进行全身检查,如患染病或阴囊及睾丸肿胀,应暂缓手术。

患阴囊疝的猪,阉割的同时应行手术治疗。

1. 保定。小公猪的阉割术者右手握住猪后肢褶,将猪提起,左手握住猪的右膝褶,向前摆动猪头部使其左侧卧于地,左脚踩住猪颈的"环椎翼"部,右脚踩住尾根。

2. 手术方法。术者用左手腕向猪腹侧推压其右后肢并以微屈的拇指及中指捏住阴囊颈部,把睾丸推向阴囊底部,使阴囊皮肤紧张便于切开。右手持刀沿阴囊缝际切开皮肤及总鞘膜,挤出睾丸。右手随之抓住睾丸,以左手拇指与食指捏住阴囊韧带与总鞘膜连接部,并将其撕开,此时睾丸即向外脱垂,右手松开睾丸,以拇指、食指在睾丸上方 1~2 厘米处反复撸搓精索,必要时可捻转数周后再行撸搓,直至精索被搓断为止,见图谱为准。

小公猪的阉割术

图 1-1

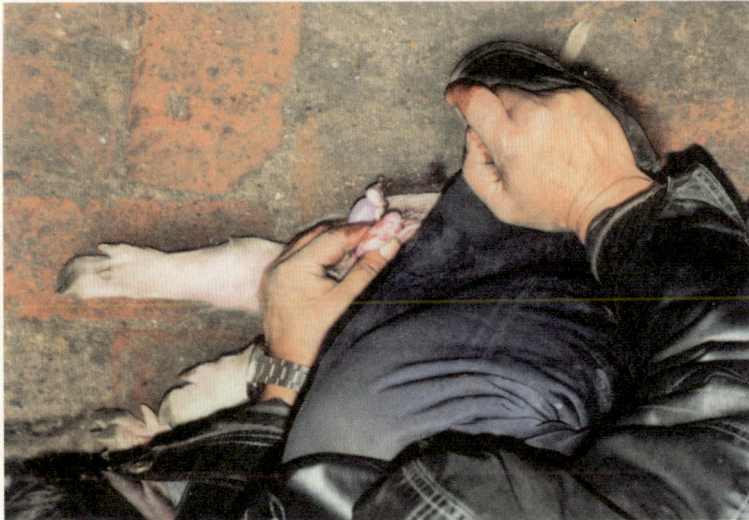

图 1-2

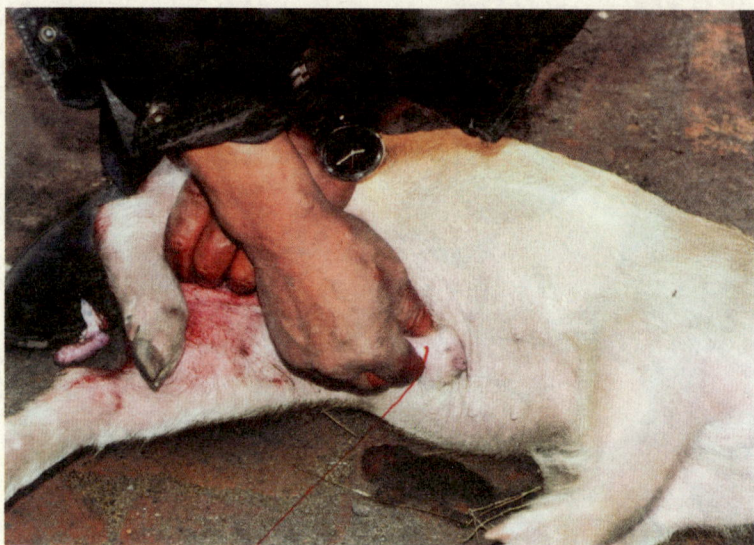

图 1-3

（阉割完后必须排尿，如不排尿会引起尿不灵、炎症等。）

三、阴囊疝患猪的阉割术

小公猪常发阴囊疝。阉割时由助手用倒提法将猪提起，也可先倒提，待疝内肠管回归腹腔后，再做侧卧保定。按正常小公猪阉割法。除去睾丸，但应注意压迫腹股沟管，防止肠管突然脱出。然后缝合鞘膜管。也可使用被睾结扎阉割法，此法安全、简便，效果好。

见图谱为准。

阴囊疝患猪的阉割术

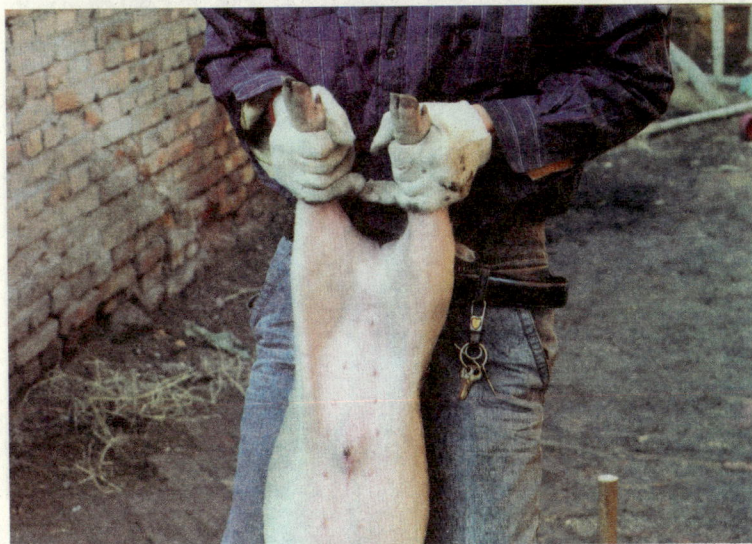

图 1-4

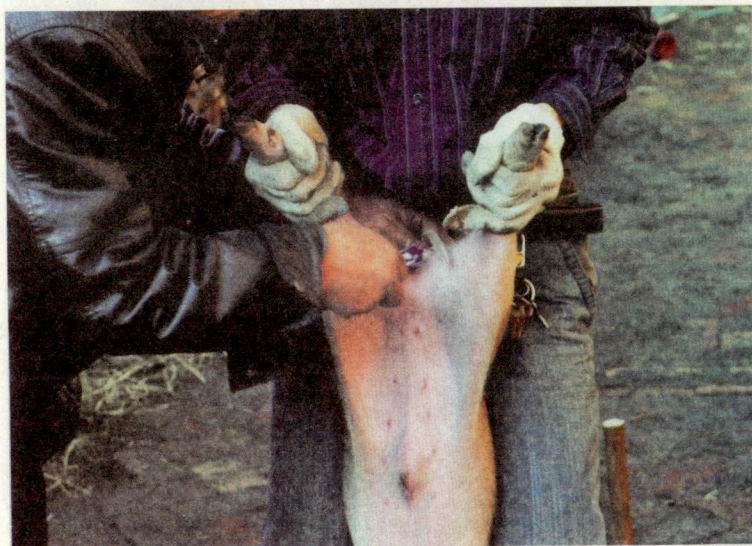

图 1-5

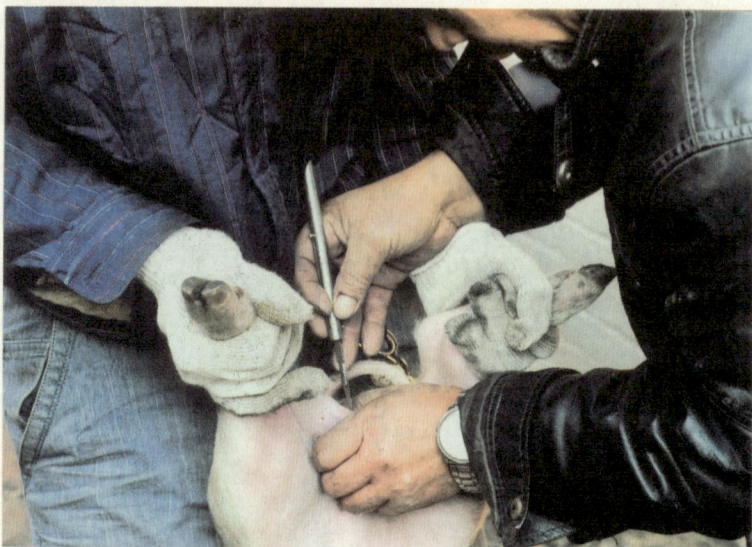

图 1-6

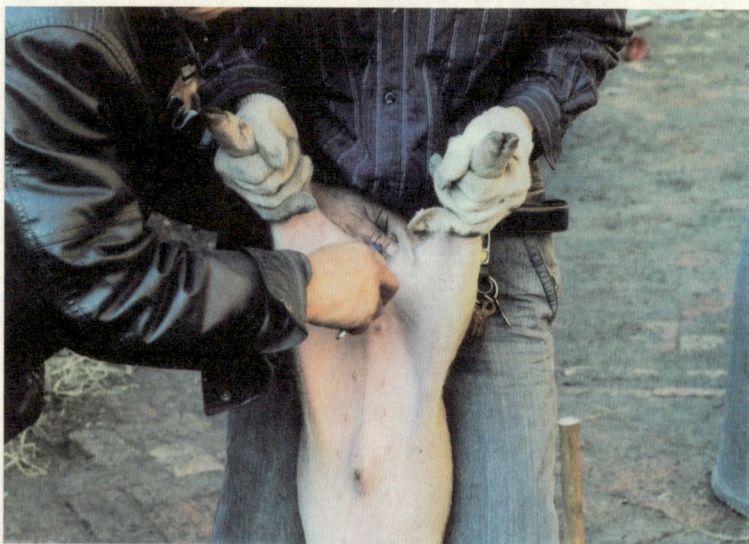

图 1-7

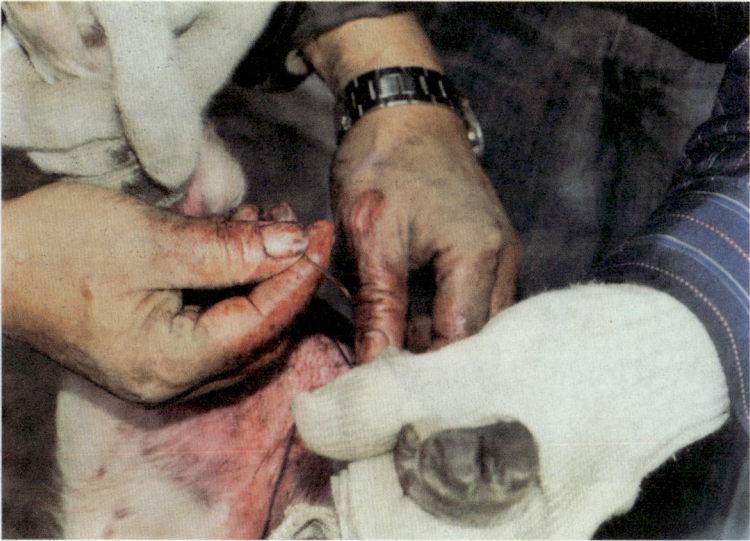

图 1-8

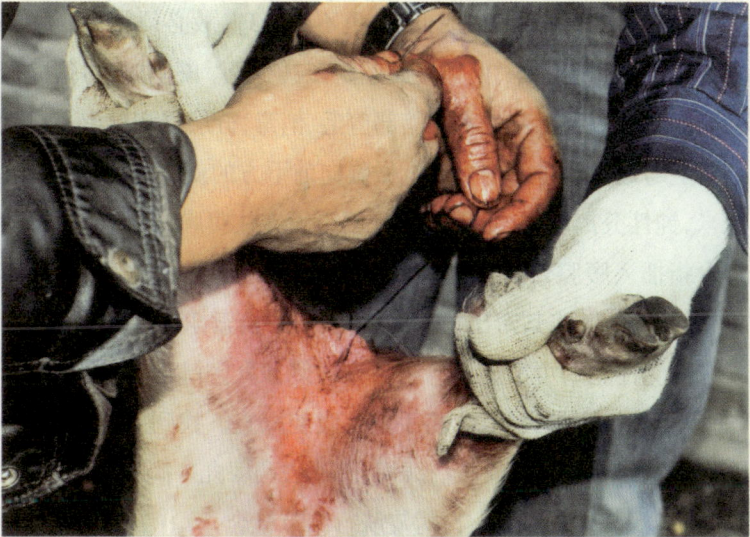

图 1-9

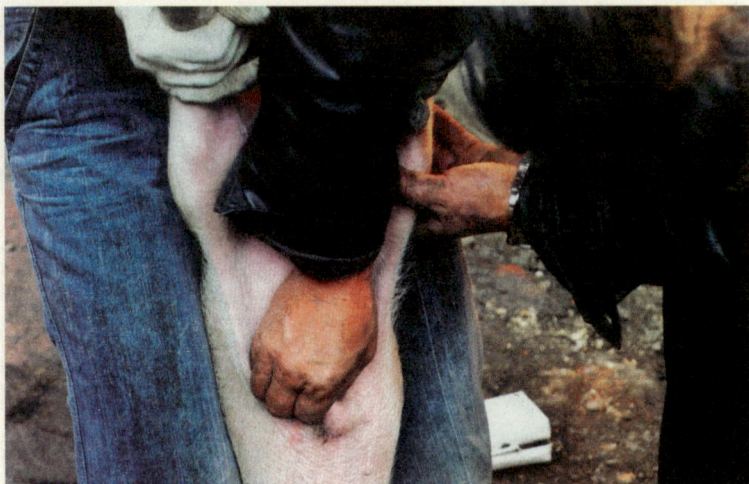

图 1-10

（阉割完必须排尿，如不排尿会引起尿不灵、炎症等）

四、隐睾猪的阉割术

隐睾猪肥育率差，肉质低劣，也不易管理，故必须阉割。隐睾多为一侧性腹腔隐睾，两侧性腹腔隐睾甚少见。阉割时，将猪进行隐睾侧向上侧卧保定。术侧髂部剪毛、消毒，分层浸润麻醉。在髋结节上与最后肋骨的中央部，做斜向前下方的皮肤切口，长 5~6 厘米，钝性分离肌层，暴露腹膜。用镊子夹住腹膜，并提起，剪开，将食指插入腹腔，在肾的后方与骨盆前缘之间触摸，找到总鞘膜包裹的睾丸，并将其牵出口外。结扎、切断精索，除去睾丸。

两侧性隐睾可经此切口再探查对侧睾丸，并以同法除去。如探查不到时，可扩大切口，将手伸入腹腔探查。找到睾丸，拉出再除去之。或者行耻骨前腹白线切开，除去两睾丸。摘除睾丸后，腹膜与肌层做一次连续缝合，对皮肤行结节缝合。

术后 12 小时内，给少量饲料。之后逐渐恢复常饲。

阉割后的护理:阉割后,应放养于清洁、干燥的圈舍内,防止切口感染。

术后要注意观察有无出血、肠脱等。发现后应及时处理,处理肠脱时,先用温青霉素生理盐水清洗脱出的肠管,注意不要使药液流入腹腔。然后还纳入腹腔,缝合腹股沟管内口以及肌层与皮肤,并肌肉注射抗生素 3~5 日。

肠管脱出并发嵌闭或粘连时,病猪伏卧、呻吟、厌食、发热、结膜发红、呕吐等。应及时进行检查,并作相应的处理。如发生粘连,应细心剥离后还纳肠管。如嵌闭肠管已坏死,则应切除坏死肠管(在病健交界处切除之),实施断端吻合。最后闭合腹腔,并肌肉注射抗生素 5~7 日。

切口发生感染时,可按化脓疮处理。

隐睾猪的阉割术

图 1-11

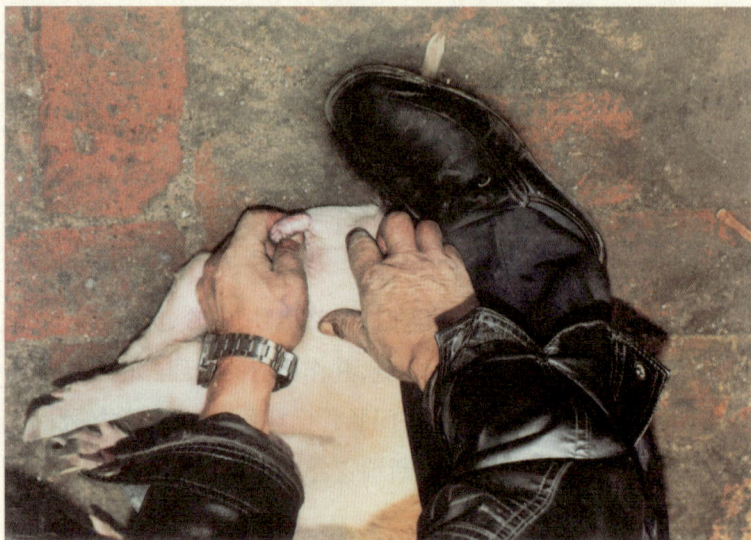

图 1-12

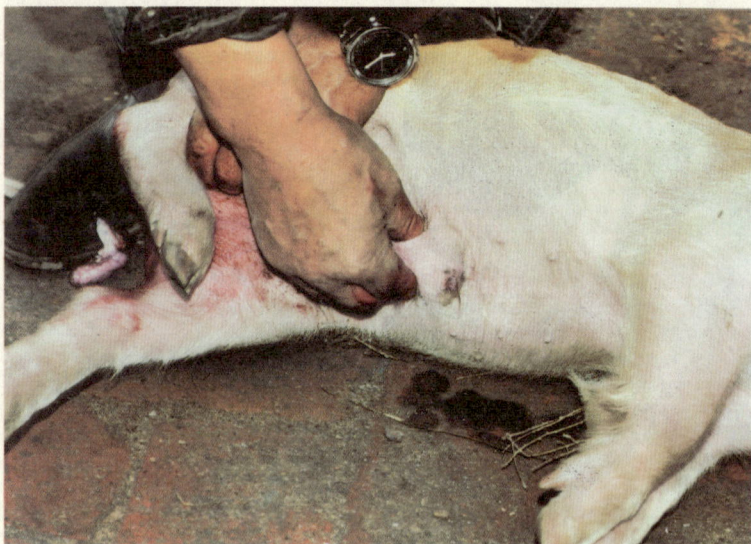

图 1-13

（阉割完后必须排尿，如不排尿会引起尿不灵、炎症等）

五、大公猪的阉割术

1. 20~30千克的公猪保定。左侧卧，由助手在猪颈部用咧鼻咧住猪的嘴腭，术者以膝部压于猪后躯，右脚踩住尾根。

2. 手术方法与小公猪阉割法基本相同。如固定睾丸困难时，可用纱布条将阴囊颈部捆住。皮肤切口在阴囊缝基部两侧方。在睾丸上方2~3厘米处结扎精索后再切除睾丸。

3. 如较大的公猪，由助手用咧鼻咧住猪的嘴腭，左侧卧，用60~70厘米的木棒定在地上，距离根据猪的大小定，再用绳子捆住四肢，手术方法与上相同。

见图谱为准。

大公猪的阉割术

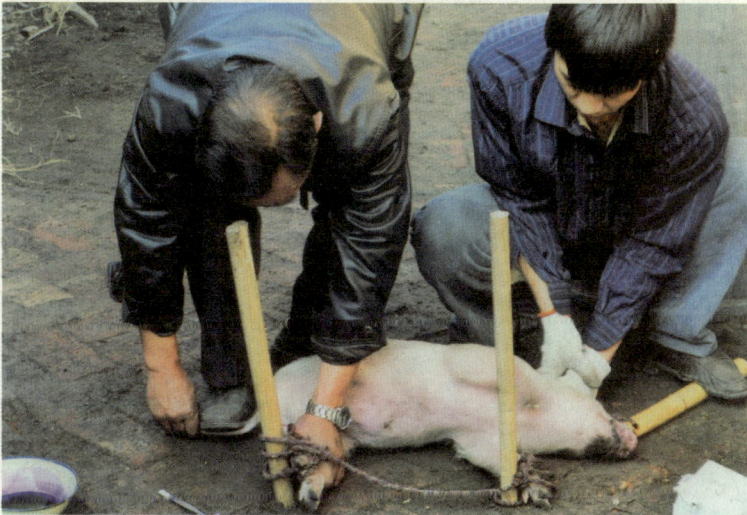

图1–14

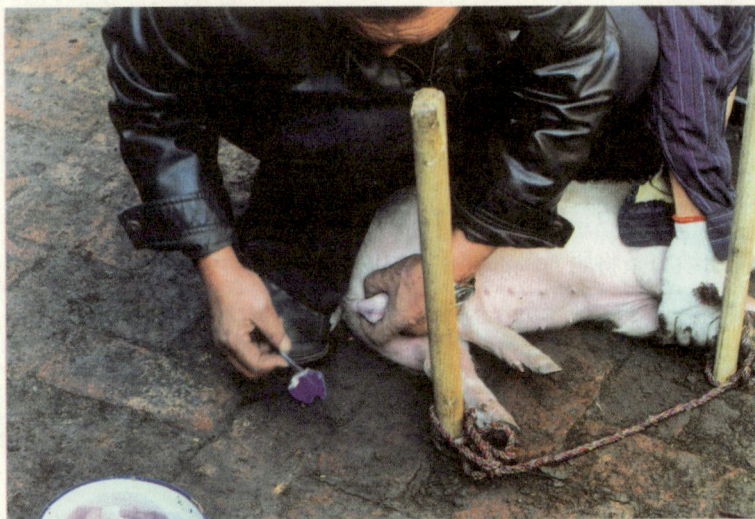

图 1-15

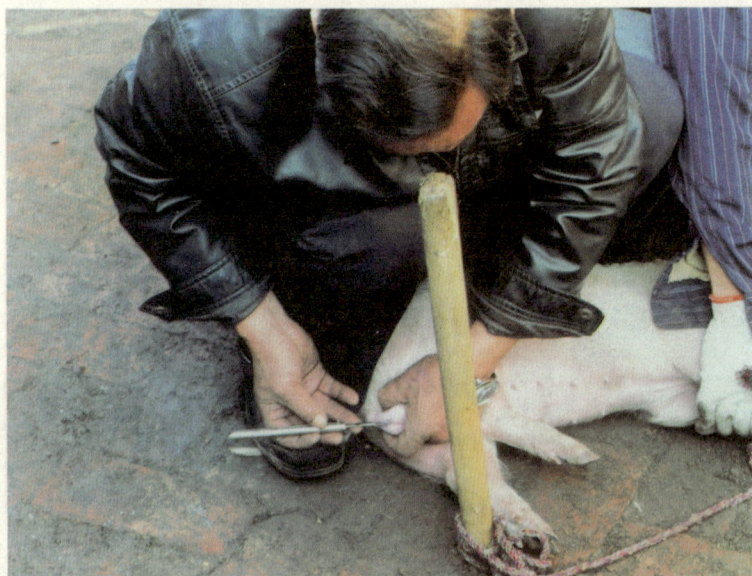

图 1-16

六、小母猪的阉割术

术前应禁饲一顿。

1. 保定。术者用左手提起猪的左后肢,右手捏住左侧膝褶,向前摆动猪的头部。将猪右侧卧地,立即用脚踩住猪左侧颈部。将左后肢伸展,使猪的后躯转为仰卧姿势。并以左脚踩住其左后肢臀部或球节,蹬紧固定之。

2. 术部。在左侧腹下部,胯结节向腹正中线的垂直线上。左列乳头外侧方2~3厘米处。多数小猪,此术部相当于左列倒数第二、三对乳头之间的外侧2~3厘米处。

3. 手术方法。术部消毒后,左手中指抵于侧胯结节,拇指于左列倒数第二、三对乳头之间外侧2~3厘米处,稍将皮肤外侧牵移。随之用力向下按压腹壁,使之抵于胯结节内侧的隐凹内,此时拇指、中指正好相对。右手拇指与中指控制小挑刀刃的深度,用刀尖垂直切开皮肤0.5~1厘米长的纵切口,调转刀头,以钩端呈45度角插入切口,左手随之用力按压,乘小猪嚎叫之时,右手适当用力,切口破腹壁肌层及腹膜,此时有少量腹水流出。子宫角也常常随着溢出。如果子宫角或卵巢尚未出来,左手拇指要压紧腹壁,拇指压得越紧,腹压越大,卵巢越接近术部,手术越易成功。为了集中拇指的按压力量,此时可收拢其余四指,仅用拇指向下垂直按压,右手将刀柄作弧形摆动,稍扩大切口。由于按压小猪嚎叫,腹压增高,加之刀柄摆动,切口扩张,卵巢或子宫角的一部分脱出后,即用右手捏住,随后以两手的拇指、食指轻轻地轮番往外引导,而两手的其余各指收拢并轮番交替压迫腹壁切口。当两侧卵巢、子宫角及子宫体的前部导出后,以指腹搓断子宫体。将两侧卵巢及子宫角一起除去,切口用碘酊消毒,提起小猪后肢,稍稍摆动

一下,即可放开。切忌留下(牵断)一侧卵巢。如留下一侧卵巢,猪则仍可发情,俗称茬高。见图谱为准。

小母猪的阉割法

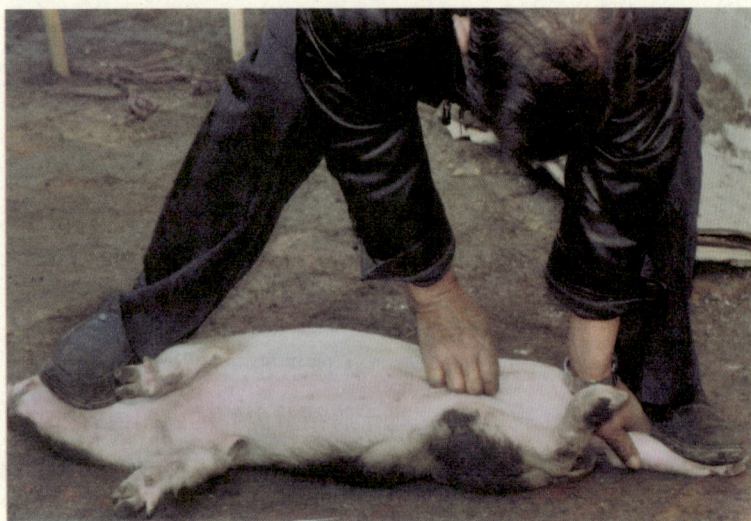

图 1-17

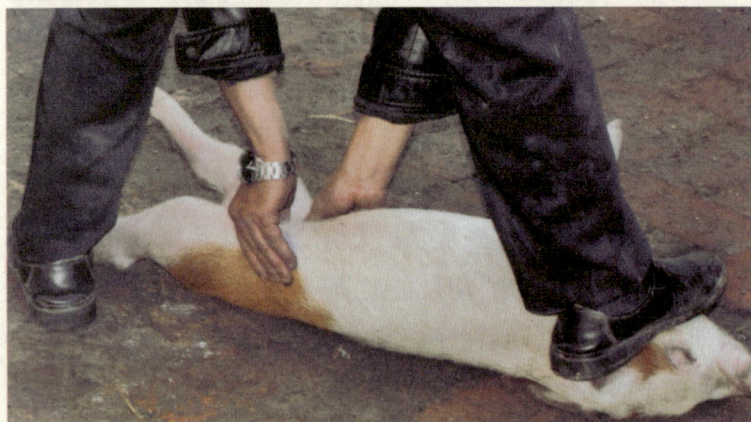

图 1-18

(俗话说,阉割的容易,扑猪的难;肥朝前,瘦朝后,饱朝内,饥朝外。)

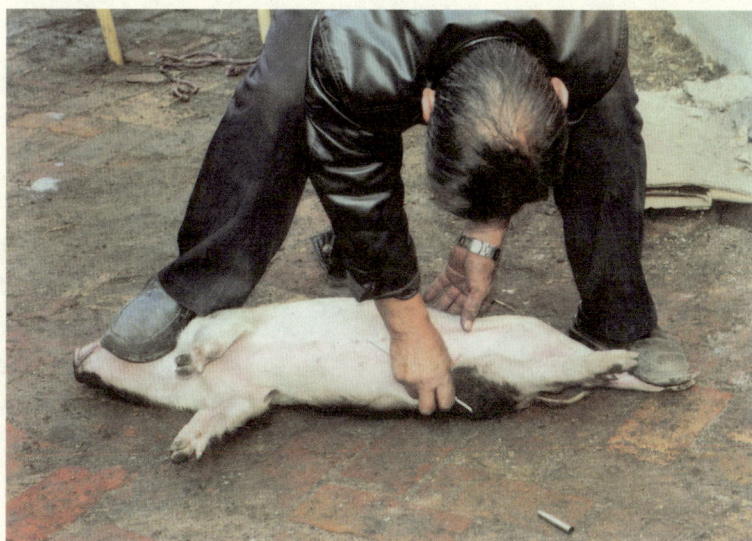

图 1-19

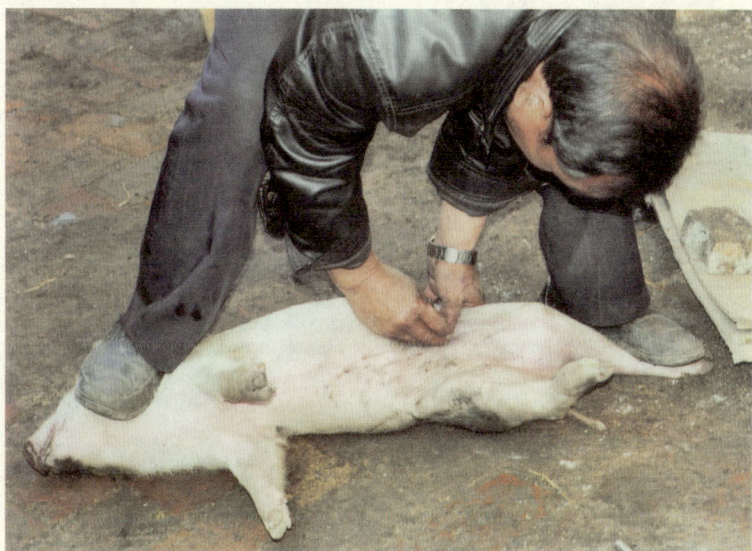

图 1-20

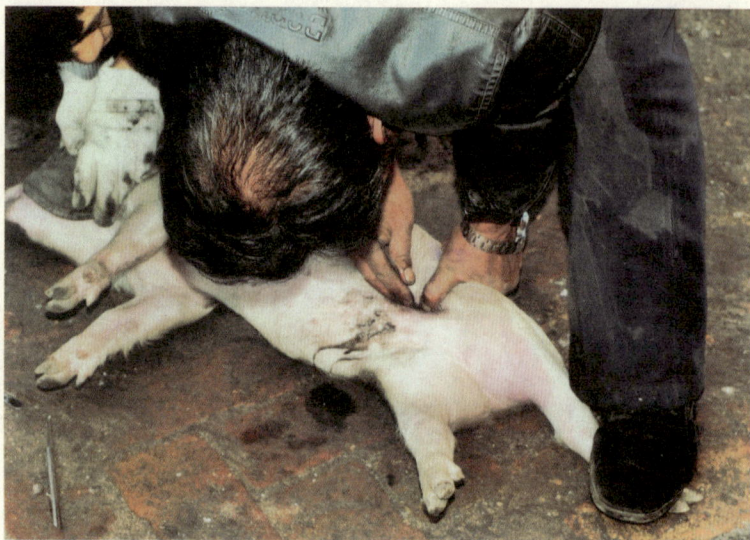

图 1-21

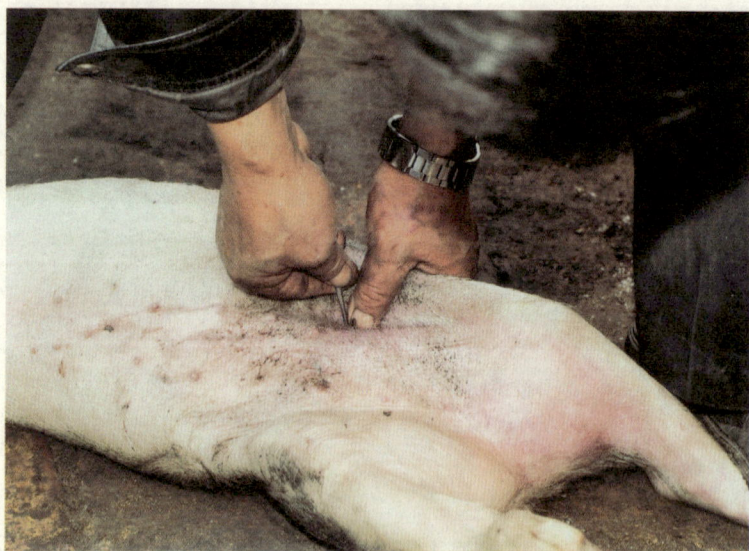

图 1-22

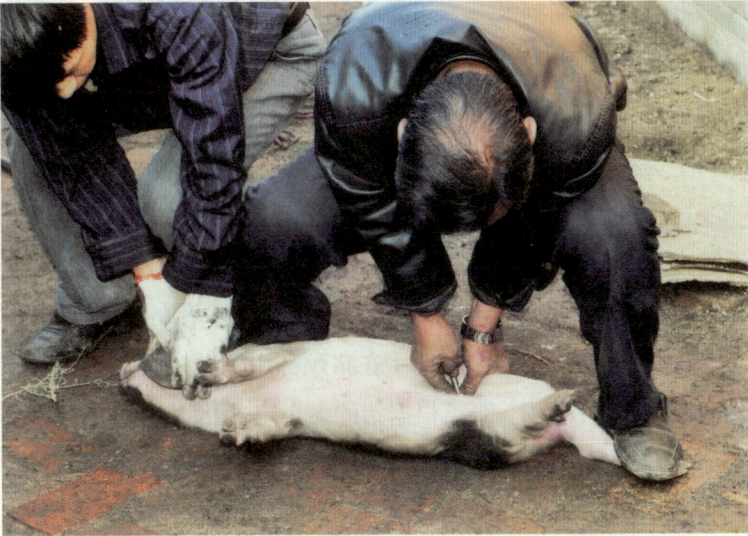

图 1-23

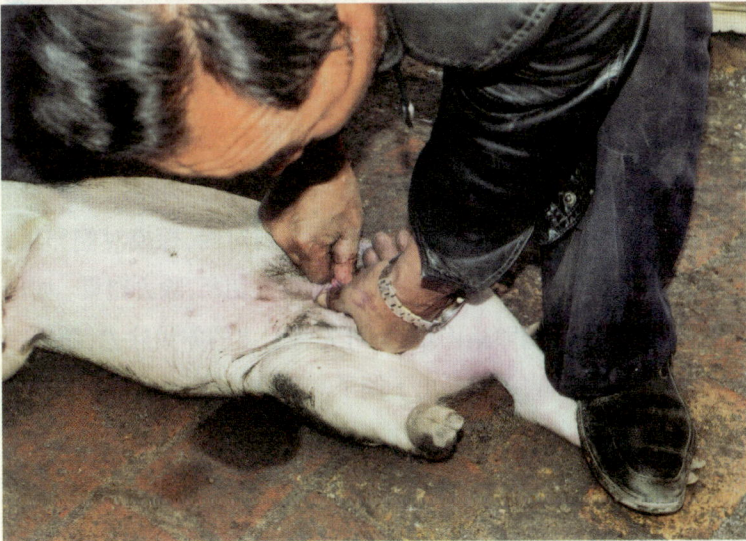

图 1-24

七、大母猪阉割术

母猪的阉割方法可归纳为以下3种：大挑法，适于15千克以上的母猪，特别是成年母猪；小挑法及白线法，均适于15千克以下的小母猪。

1. 大挑法髂部法。术前，要检查母猪是否发情，发情期卵巢及子宫充血，易引起出血，不宜手术，术前应禁饲一顿。

（1）保定。侧卧保定，对中等大小的母猪，术者在猪背侧，以左脚踩住其颈的"环椎翼"，由助手在猪颈部用咧鼻，咧住猪的嘴腭，用两根木棒定在地上，距离根据猪的大小定，用绳捆住四肢。

（2）术部在髂结节前下方5~10厘米处（依猪的大小而定）。

（3）手术方法，术部剪毛、消毒，最好行局部浸润麻醉。以髂结节为中心，在术部做3~5厘米长的弧形皮肤切口（月牙口），而后用消毒过的右手食指，垂直戳破腹肌及腹膜。止血后，拭去手指血液，将食指插入腹腔，沿脊柱及侧腹壁由前向后至盆腔入口探摸上侧卵巢，摸到后，用指腹将其压住并钩向切口引至腹外，屈曲腹外各指，以手背侧按压壁，加大腹压使卵巢不致滑脱，当卵巢钩至切口，引出困难时，可用桃形刀的钩端将其钩出。

然后，手指再入腹腔，通过直肠下方到对侧，探摸对侧卵巢，以同法将其引出切口，分别结扎卵巢系膜并切断，除去卵巢。如母猪肥大，钩引一下侧卵巢困难时，可先将引出的卵巢除去，而后一边还纳上边子宫角，一边导出下侧子宫角、输卵管及卵巢。结扎后除去卵巢。

还纳子宫角于腹腔。最后，以连续缝合法缝合腹膜，以结节缝合法，缝合肌肉及皮肤。也可对腹膜、肌肉及皮肤一起行连续缝合或结节缝合。缝合时，不要伤及肠管，腹膜必须缝合紧密。以防肠管脱出于腹膜外,而造成肠嵌闭、粘连及坏死等。

见图谱为准。

大母猪用桃形刀的阉割术

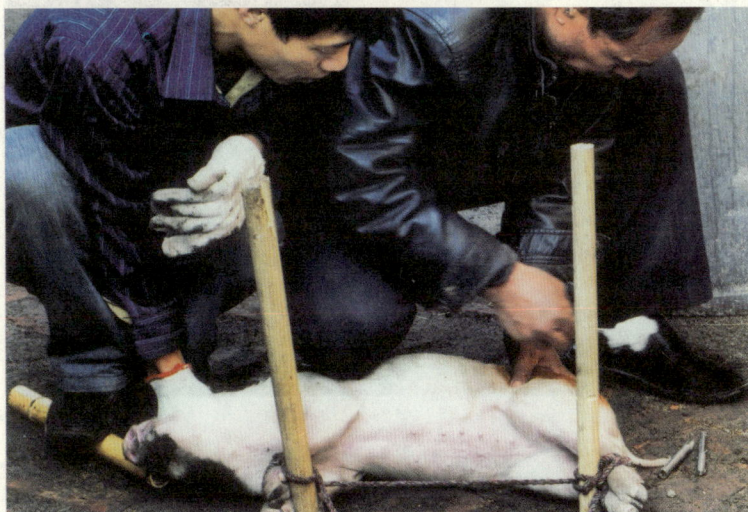

图 1-25

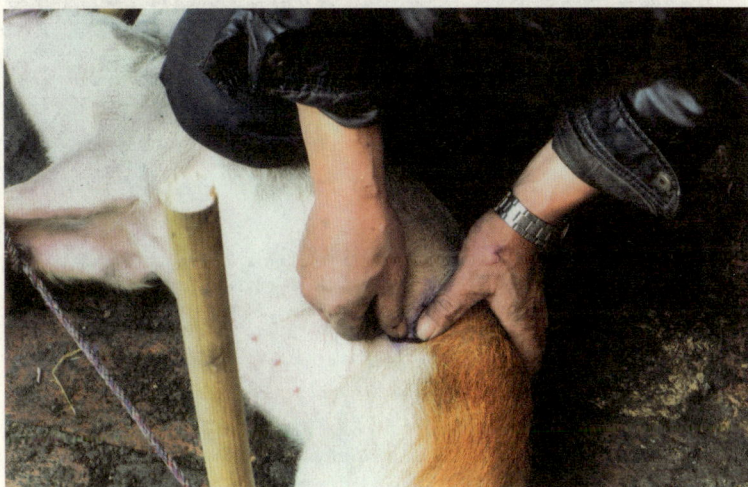

图 1-26

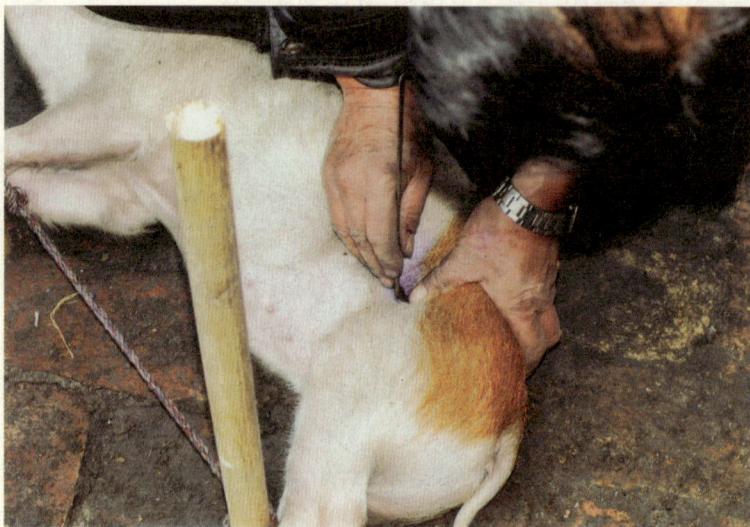

图 1-27

图 1-28

2. 用切挑刀阉割法

白线法：正中切口法

（1）保定。可采用倒提法或斜板倒挂法，使腹壁向着术者保持之。

（2）手术方法。在耻骨前缘 2~3 厘米处，沿正中线向前做 2~4 厘米长的纵切口，以能伸入食指或食指和中指为度，切开皮肤后沿白线切至腹膜外脂，待猪安静时切开腹膜，切勿伤及肠管。将食指或食指和中指伸入腹腔，在骨盆口前侧方探摸子宫角或卵巢。摸到后轻柔地将其拉出，摘除子宫角及卵巢。以连续缝合法缝合腹膜。结节缝合法缝合皮肤及深层组织，切口涂布碘酊，母猪阉割后的护理，可参考公猪阉割术后的护理部分。

八、公马、羊、骆驼阉割术

1. 术前检查。全身检查首先要确定有无传染病和内科病。有病时不宜做阉割术，待治愈后进行手术。局部检查应注意阴囊有无肿胀、损伤。睾丸的大小硬度和流动性。睾丸缺乏流动性时是和总鞘膜发生粘连之证。注意有无腹股沟阴囊疝等。必要时可在术前一天进行直肠检查，检查腹股沟的腹环的大小，腹环能插入三个手指时，阉割时就有从腹股沟脱出肠管的危险，应采用闭睾式除去睾丸。

2. 保定双抽筋倒马法。需两人、一条 12 米长绳、一个短木棒和两个铁环。倒马时 人牵引头部，一人握着绳的两端，向后方拉紧，使马卧倒于左侧。木棒放于右侧。最后用两绳末端绑住前后肢。让后肢向前方转位，使术部充分露出。马体下铺以塑料布，喷洒消毒药水，用卷轴绷带包扎马尾，以防止污染术部。一般对马匹不做全身麻醉，对性情凶暴的，可静脉注射水合氯醛硫酸镁 100~200 毫升或灌服 30 克水合氯醛做浅麻醉。

（1）先用 2% 来苏儿洗刷阴囊及周围，擦干后涂以酒精，最后在阴囊周围涂擦碘酊。

（2）阴囊浸润麻醉，在距阴囊缝两旁 1.5~2 厘米处，平行注入 0.5% 普鲁卡因 10~20 毫升，使药液达到皮肤与肉膜之间。

3. 手术

（1）术者站在马的背侧，左手握住阴囊基部，固定睾丸。右手持刀，于距阴囊缝 1.5~2 厘米处，做一平行切口，切开皮肤、肉膜、总鞘膜，切口长度要和睾丸大小相等，不宜过小。切口要一刀切透阴囊壁，以便切口整齐。

（2）左手稍加压力，使睾丸露出，右手以镊子夹住鞘膜韧带增厚部分（也称为耳状部），左手拿住睾丸，助手用刀割开阴囊韧带，接着撕断鞘膜韧带。并向上做钝性剥离约 10 厘米，使精索与总鞘膜分离，此时睾丸即可脱出。

（3）术者以固定钳在距睾丸 7~10 厘米处钳住精索，助手以捻转钳于距固定钳 1.5 厘米处钳住精索，并向一侧旋转，直至精索断离，并以碘酊滴于断端，慢慢松开固定钳。

再以同法断离另一侧睾丸。擦净血迹，在伤口周围涂上碘酊，或向创口撒入消炎粉，一般情况下不必缝合。

如以结扎法切除睾丸，可在分离睾丸与总鞘膜后，在离睾丸 5~7 厘米处，以丝线结扎精索，在结扎线下 1.5~2 厘米处切断精索。

4. 阉割的继发症及其处理

（1）术后出血。术后出血分为：①阴囊动脉和静脉出血。②精索断端出血。前者出血是点滴状，不久即停止。若为持续出血，可用细麻绳结扎尾根数分钟，或用止血钳钳压止血。后者出血是细流状,对此应及时用止血钳钳压止血或结扎止血。如夜晚不便操作时,用无菌纱布栓塞阴囊腔,或用10%氯化钙溶液100毫升静脉注射均可达到止血目的。

(2)阴囊及包皮水肿。由于阴囊创口不正,影响凝结的血块和渗出物的排除时,易发阴囊水肿。此时可用消毒过的手指插入创口,消除创内潴留物,并可扩大创口使其排出,肿胀即可逐渐消退。由于创口感染阴囊发生炎性肿胀,涉及包皮,精索也多发生硬、肿胀,局部热痛显著,步行强硬,有全身症状。此时除消除创内渗出物外,并按化脓创进行处理,除局部处理外,应肌肉注射青霉素。

(3)肠脱。在手术中发现时,当即进行全身麻醉,仰卧保定,整复脱出的肠管,然后适当分离总鞘膜和阴囊壁的联系,捻转鞘膜管使腹股沟闭合,再用结扎法将总鞘膜和精索一起结扎后,除去睾丸。如在术后发现时,常有很多肠管脱出,整复较困难,应立即全身麻醉,仰卧保定,进行中要尽力保护肠管勿使受损伤或破裂,并用每毫升含1000单位的青霉素温生理盐水充分洗涤后, 将肠管由腹股沟送回腹腔。若送回困难时,可在腹股沟皮下环和腹环的前缘,用桃形刀切开,扩大腹股沟切口,然后整复肠管,缝合腹股沟腹环、鞘膜管及扩大部分的皮肤创口,术后保持病马的安静,注意全身疗法等。

公马阉割术

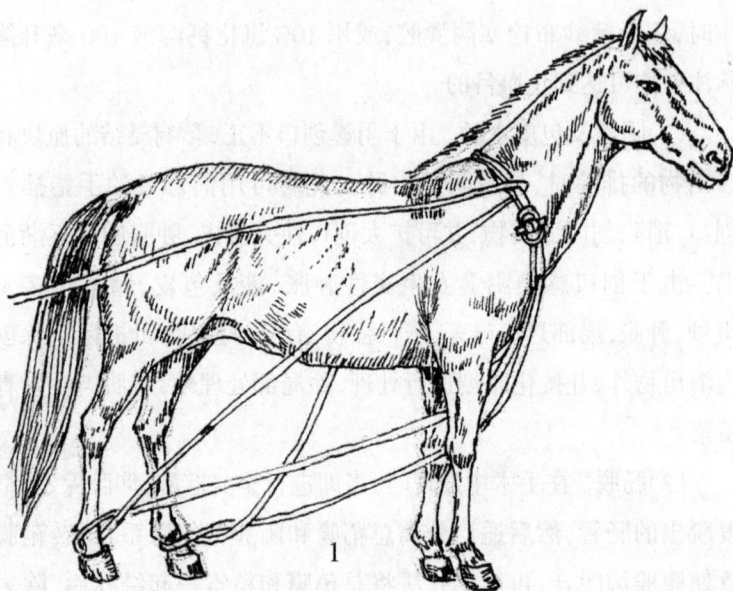

1

图 1-29

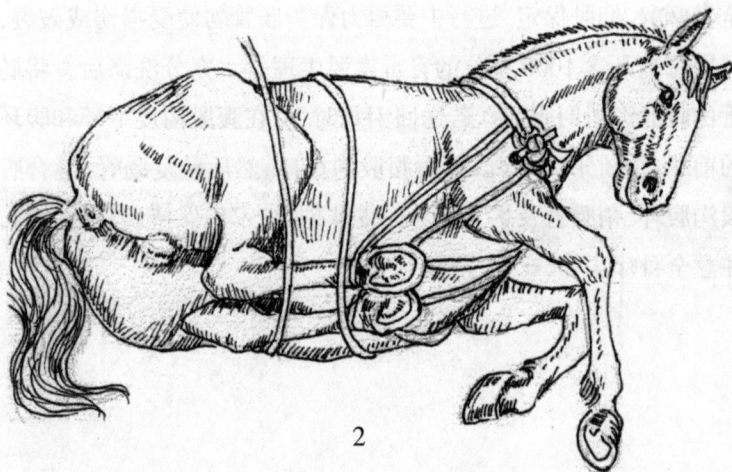

2

图 1-30　双抽筋倒马法

九、公牛阉割术

1. 保定。在固定架内站立保定或横卧保定——倒牛法。

（1）将长约 3 米的绳子,拴住牛倒卧侧前肢系部,经过腹部引向对侧,向着地面用力拉紧,迫使牛弯曲第二前肢,以腕部着地;此时斜行扭转牛头,并将其臀部推向地面。

（2）将绳的一端拴在笼头上,另一端沿颈侧向后,在胸中将绳围绕一周,于胸壁中央做一交扭后,绕过两后肢,术者立于对侧,用力将绳子拉紧,使下压腰部,则可迫使牛卧倒。

消毒、麻醉。在阴囊处剃毛消毒。以 0.5%普鲁卡因 10 毫升,沿切线注入皮下,做浸润麻醉。

2. 手术

（1）摘除法:成年公牛多用纵切法,此法与马基本相同。但切口在前面或后面中线两旁都行,并且必须切到阴囊底部。在较小的公牛,也可在中线做一切口,然后分别切破两阴囊腔,挤出睾丸后,结扎精索,切除即可。此外还有横切法,即在睾丸底部做一横切口,同时将两阴囊腔切开;横断法:即用手握着阴囊底的皮肤,把阴囊皮肤剪掉,把阴囊皮与总鞘膜剥离,在鞘膜外结扎精索,切除睾丸与鞘膜的连接后,睾丸即可脱出。可用阉割钳固定旋转法拧断精索。再以同法摘除另侧睾丸。

如采用结扎法,即用丝线结扎精索部后,切断摘除。

公牛阉割术

此绳应置肩端以
防勒住气管

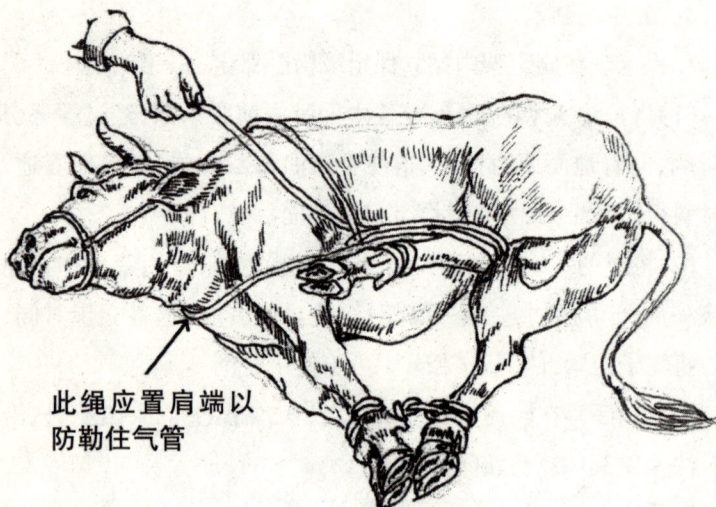

图 1-31　牛横卧保定法

（2）钳夹法（无血阉割法）：将牛站立保定，助手用食指与拇指将一侧精索挤到阴囊的一边，用牛鼻钳子夹住，术者用无血阉割钳夹住精索部的皮肤，两手将钳柄用力一压，稍停片刻后，拿掉阉割钳，用手检查精索已断即可。然后再同样处理另一精索。这个方法是比较安全的，但无血阉割钳必须好用。

钳夹法(无血阉割法)

图 1-32　在固定架内站立保定倒牛法

图 1-33　骆驼卧倒四肢保定法

羊的阉割术

图 1-34　公羊阉割法与马基本相同

十、猪、马、牛、羊等家畜的肌肉注射及静脉注射部位

经多年治病用药的实践证明,如猪、马、牛、羊感冒等,肌肉注射兽用安痛定及安乃近、安基比林、柴胡、庆大霉素、地塞米松、青霉素、阿莫西林、头孢等兽药、抗生素药品,肌肉注射一针、两针等不见好转,立即换药,换人用药等。如注射兽用安痛定 10 毫升、20毫升,青霉素 80 万单位、160 万单位,也换人用安痛定 10 毫升、20毫升,青霉素 80 万单位、160 万单位等,如果还是没有好转,立即静脉注射。

静脉注射法注射部位,马、牛、羊在颈静脉上 1/3 与中 1/3 的交界处;猪在耳尖静脉;鸡在翅膀静脉。

1. 马的静脉注射法。把马头部高抬,并确实保定,注射部位剪毛消毒后,用左手拇指肚压迫住要注射静脉部位的下方 3~6 厘米处，血管显著怒张后用静脉注射针头成 40~50 度角迅速刺入，如刺入静脉则血液不断流出，如不流血是未刺入静脉应将针头退到皮下，重新刺入。

注射 100~200 毫升药液可用 100 毫升注射器接上针头，进行注射。为防止药液漏在皮下，注射过程中经常注意回血，并严禁注入空气。如需注射大量药液可用较长胶管接上静脉注射瓶注入。

2. 牛的静脉注射法。先用细绳勒紧颈部下方造成颈静脉怒张，再用针头迅速刺入静脉，刺中后立即松解勒绳。其他操作与马相同。

3. 猪耳静脉注射法。将猪站立或侧卧保定好，用手压，迫耳根处静脉怒张隆起，寻找耳尖处得静脉（较细静脉易扎，不滑动），用 6 号半的细针头（连接注射器）成 15~20 度角刺入，如针头刺入静脉可见血回到注射器内，这时应用手将针头与耳朵紧捏在一起，以防止针头脱出，慢慢注射药液。

静脉部位

图 1-35 静脉注射用针头 7-9 号

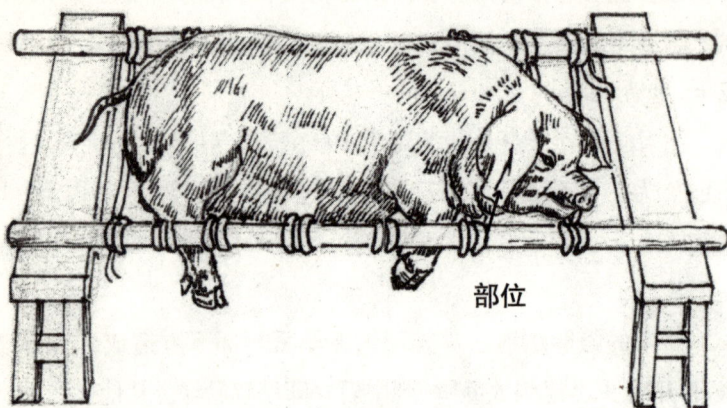

部位

图 1-36　猪的静脉注射部位

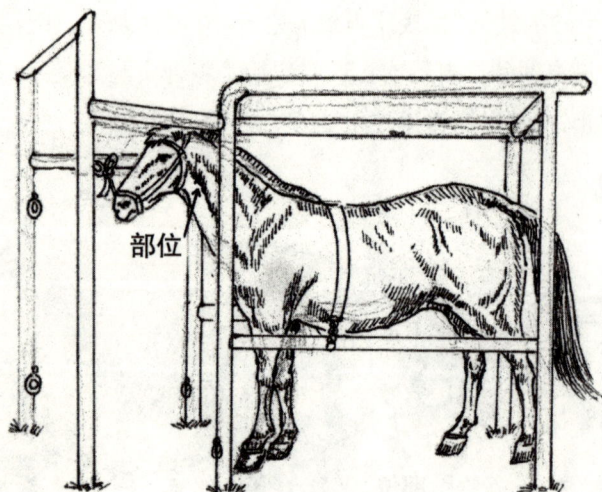

部位

图 1-37　马的静脉注射部位

部位

图 1-38 牛的静脉注射部位

第二部分　家畜传染病防治

一、家畜传染病

传染病是由某一种病原微生物(如细菌、病毒等)所引起的,具有传染性的疾病。传染病如不及时预防和治疗,就会迅速传播开来。

为了发展牧业生产和保护畜禽健康,必须贯彻执行预防为主的方针,掌握各种传染病发生和流行的规律,才可以采取有效的措施加以预防、控制和消灭。

二、传染过程和流行过程

构成传染过程必须有一定数量和毒力的病原体,对该病原体有易感性的动物以及影响病原体和动物易感性的外界条件。每个传染病从发生、发展以至恢复,可分成潜伏期、前驱期、发病期、结局期(转归)四个阶段。

大多数传染病发生时,往往一批牲畜同时发病。传染病在畜群中流行,需要有三个基本环节,即传染来源(如病畜及带菌或带毒者)、传播途径(如直接接触,经饲料及饮水、土壤、空气、昆虫传播等)和易感动物,只有具备这三个基本环节时,传染病才有可能在畜群中流行,但它还受自然条件(如气温、雨量、湿度及地理地形等)和社会条件的影响。

三、防疫措施

预防传染病发生的措施:应以提高易感动物的抗病力、防止传染来源的侵入以及控制传播途径为主。要抓饲养、管理、卫生;自繁自养;定期消毒;定期预防接种;加强检疫等。

发生传染病后的防治措施:当发生疫情时,及时确诊;对畜群进行检疫,隔离病畜;对有些危害性大的疫病要按规定封锁疫区;严格进行消毒、杀虫、灭鼠等;改善饲养管理;进行紧急预防接种;及时治疗病畜。当病畜对人畜有严重危害或无治疗价值时,应进行焚烧处理。

总之,为了预防和消灭畜禽传染病,必须从消灭传染源,切断传播途径和增强机体抵抗力等方面着手,制定出综合性卫生防疫措施。但由于传染病种类不同,发病的时间、地点和条件不同,三个环节在流行过程中的作用,也不是均等的。因此,必须因病、因时、因地的采取具体措施,这样才能收到良好效果。

四、多种畜禽共患的传染病

(一)炭疽(偏次癀)

【病原】　炭疽杆菌。在空气中能形成芽孢,芽孢在土壤中能生存 10 余年。消毒用 0.1%升汞、20%漂白粉或 3%福尔马林。

【传染】　绵羊、山羊、马(骡、驴)、牛、鹿、骆驼最为敏感,猪感受性较低,犬、猫感受性最低,人也能感染。经消化道、伤口、呼吸道都能感染。多为散发,春秋雨季多发。

【症状】　潜伏期一般为 4~6 天。

马多为急性或亚急性,体温高达 40℃~43℃,呼吸困难,有剧烈疝痛,前胸、颈、腹下等处发生炭疽痈,初热痛,后变冷而无痛,

粪尿带血。经 1~2 天窒息死亡。常有天然孔出血的现象。

牛、羊发病多为最急性或急性。突然发病,兴奋不安,呼吸促迫,行走不稳,发抖,鸣叫倒地并迅速死亡。

猪较常见的是慢性局灶性,多发生于扁桃体和咽喉,病猪喉部水肿,呼吸困难,食欲不振。发生于肠道的伴有血痢。有时常局限于一个器官(如肠道、肺、肝或脾),而无明显症状,在屠宰时才能发现。

【剖检】 炭疽尸体僵硬,腹部膨胀,有的从口、鼻、肛门、眼等处流出紫黑色的血液。颈、胸皮下水肿,脾脏肿大 2~3 倍,松软,脾髓呈煤焦油状。血液不凝固。猪的肠黏膜常有局灶性紫红色炭疽痈。猪多出现咽喉部皮下水肿。咽喉淋巴结肿大呈砖红色,扁桃体干燥有灰黄色的坏死灶。

【诊断】 根据上述情况,并做血液涂片检查,发现炭疽杆菌,或做炭疽沉淀反应为阳性,即可确诊。对可疑炭疽病死尸体,不可剖检,可剪小块耳朵,或取棉球浸渍渗出血液,用密封容器送检。

【防治】 对病畜或可疑病畜皮下或静注抗炭疽血清,大家畜 200~300 毫升。必要时,12 小时后再注一次。青霉素 200 万~300 万单位、链霉素 200 万单位肌注,每天两次,或 20%磺胺嘧啶 80~100 毫升静注,每天两次,病畜体温下降后继续使用 1~2 天。抗炭疽血清与青霉素、链霉素或磺胺类药物同时并用,效果最好。对与病畜同栏或接触过的家畜先注抗炭疽血清 30~40 毫升,2~7 天后再注炭疽芽孢苗。炭疽尸体严禁剖检,需焚烧或深埋(距房舍、道路、水井、牧场及河流 1 公里以外地势高的干燥地区,深度不得少于 2 米),场地、用具用 20%漂白粉或 10%热氢氧化钠、50%石炭酸消毒。接触病畜尸体的人员 0.1%升汞液消毒。疫区家畜每年进行炭疽预防注射。

（二）恶性水肿

【病原】　恶性水肿杆菌、产气荚膜杆菌、水肿杆菌等厌气菌。病菌能产生芽孢。

【传染】　马和绵羊最易感，驴、骡、猪、牛、山羊也可感染。经皮肤、黏膜伤口感染。多呈散发性传播。

【症状】　潜伏期为 2~5 日。

患部水肿，先热痛，后变冷无痛，或气肿，按压有捻发音。创口流出带气泡、红褐色分泌物，味恶臭。此后患部周围坏死发黑，病畜呼吸困难，最后可发展至败血症死亡。如产道感染时，阴道红肿，流出污红色腐臭分泌物。

【剖检】　患部皮下水肿，胶样浸润，有气泡，味臭，肌肉如煮熟状，疏松有气泡。浆膜有点状出血。产道感染时，子宫、阴道水肿，子叶坏死。血液凝固不良。

【治疗】　患部尽早切开，除去腐败组织和渗出液，用 1%~2% 高锰酸钾或氧化氢溶液冲洗，然后撒布磺胺或抗生素溶液。此外，用磺胺或抗生素作全身性治疗。

【预防】　平时及时治疗小伤口。做去势、断尾、剪毛及助产时，应特别注意外伤处理。还应隔离病畜，注意消毒。

（三）坏死杆菌病

【病原】　坏死杆菌。有时伴有其他化脓菌感染。

【传染】　马、绵羊和猪最易感。病畜及带菌动物为主要传染来源，通常以蹄和四肢皮肤、口腔黏膜、生殖器黏膜发生为多。有时继发于其他疾病。为散发或地方性流行，夏季较多。

【症状】　马、骡多发生于四肢腕、跗关节下部，特别是蹄冠及

系凹部。病初,除局部变化外,先出现跛行,随后可出现全身症状,如精神沉郁、减食、体温升高。局部变化,多在蹄冠、系部皮肤发生热痛性肿胀,渗出黏性淋巴液。如发现及时,并给予合理治疗及休息,经3~7天炎症可消失。否则,急性炎症继续增进,患部皮肤变软,并形成小脓肿,流出灰色带有特殊臭味的脓汁,有时还混有血液。这时,如护理好,治疗及时,仍能向健康方向转化,坏死皮肤逐渐脱落,炎症缓和,脓量减少,并生成新生肉芽组织而愈合。否则病情恶化,全身症状加重,患肢局部呈急性蜂窝织炎,并波及全肢,组织形成溃疡和坏死。有的蹄匣脱落,甚至波及韧带和骨骼,发生栓塞性静脉炎和淋巴管炎,并可转移至内脏形成坏死性肺炎而死亡。

成牛的坏死杆菌病,也发生在四肢,与马相似。犊牛常发生坏死性口炎,俗称"犊白喉",病犊体温升高,流涎气喘。

绵羊常被侵害四肢,称腐蹄病,症状与马相似。

猪在体躯各部皮肤及皮下发生外口小而里面成囊状的坏死病变(俗称眼子病)。仔猪为坏死性口炎、坏死性鼻炎及坏死性肠炎。

【治疗】 早期效果较好。

局部疗法 对四肢病变的治疗,初期局部涂布10%龙胆紫或用0.5%~1%升汞酒精或5%鱼石脂樟脑酒精做湿性绷带包裹,在最初2~3天,每天更换1次。当病变处于坏死阶段时,应除去痂皮或坏死组织,然后用1%高锰酸钾或来苏儿溶液洗涤后,再涂以福尔马林,后用绷带包扎,每隔2~3天重复治疗1次。或在清除痂皮、坏死组织后包扎绷带,将每毫升含200~500单位的青霉素水溶液经胶管注入,每天3次,每次10~20毫升,连续治疗3~5天。

如换药困难,患部处在可能受湿的条件下,可用青霉素绷带(可用植物油稀释)。在肉芽形成期可用 1:10 的土霉素甘油治疗。

猪可用苦瓜叶、豆角花各等分。洗净捣碎。先用盐水洗净创口,必要时可开刀,用叶汁按揉患部 2~5 分钟,使叶汁浸入组织内。

全身疗法。对重剧病畜,应在进行局部治疗的同时,肌肉注射青霉素或静脉注射磺胺嘧啶一个疗程。

【预防】 注意护理家畜蹄部,及时处置外伤。搞好畜舍卫生,避免在低洼、潮湿的地区牧养。病畜须隔离治疗,被污染场所应及时消毒。

(四)破伤风

【病原】 破伤风梭菌。形成芽孢后,在干燥状态下能存活 10 余年。

传染经伤口感染。零星散发,马、骡、驴发生最多,牛、山羊、绵羊、猪发生较少,人也能感染。病菌由伤口侵入牲畜局部组织内,然后繁殖并产生毒素。

【症状】 潜伏期 1~2 周。

病初两耳发直,鼻孔开张,颈部和四肢僵直,步态不稳,抬头时瞬膜外漏,两耳直竖。随后咀嚼、吞咽困难,牙关紧闭,头颈伸直,四肢开张。皮肤、腰背板硬,尾翘起,形若木马。病畜体温正常,死前升高至 42℃~43℃。病猪全身僵硬,耳竖立,肌肉痉挛,呼吸困难,角弓反张,时常鸣叫。

【治疗】 应在安静较暗的地方加强护理。为了中和毒素,一般于镇静后,先静脉注射 40% 乌洛托品 50 毫升,再静注破伤风抗毒素 10 万~20 万单位,每日 1 次,连用 3~4 次。一般混于 5% 的葡萄糖液中注入。为解痉镇静,常应用 25% 硫酸镁注射液 100 毫升

静脉注射，有时再加 0.25% 普鲁卡因 50~100 毫升或用氯丙嗪 100~150 毫克肌肉注射。为消灭病源，对感染的创伤，除去痂皮坏死组织，用 0.1% 高锰酸钾或 3% 双氧水冲洗，并行开发治疗。同时肌肉注射青霉素一个疗程。此外，尚需注意其他对症治疗，如病畜牙关紧闭时，可于咬肌注射氯丙嗪或普鲁卡因等。

中兽医疗法可用散风活血解表的乌蛇散和针灸疗法。但在治疗中应注意中西配合。

乌蛇撒：乌蛇 15 克、金蝎 15 克、天麻 18 克、天南星 18 克、川芎 21 克、当归 24 克、羌活 21 克、独活 21 克、防风 24 克、荆芥 18 克、薄荷 18 克、蝉蜕 15 克、僵蚕 15 克，共研末，开水调，候冷灌服。如口紧难灌时，可将方中药物各加量 6 克煎汤候冷，用胃管投服。

针治　烙大风门、伏兔穴，刺百会穴，彻鹘脉血。

【预防】　每年定期注射破伤风类毒素是最有效的措施。破伤风是由创伤传染的疾病，因此要尽力防止发生外伤。

发生外伤后，要及时处理。如创伤严重，最好注射破伤风抗毒素 1 万~2 万单位。

(五)李氏杆菌病

【病原】　产单核白细胞李氏杆菌。是畜禽、啮齿动物和人的一种散发性传染病。啮齿动物，特别是鼠类，常成为病原体在自然界存在的贮藏宿主。

【传染】　传播途径尚不完全了解，有的认为可能由鼻腔传入；也有的认为经眼结膜、鼻腔和消化道均有传染可能；还有怀疑是子宫感染的。马、牛、羊、猪、鸡和人均能自然发病。多在冬、春季节流行，幼小动物易感，一般发病率低，但死亡率很高。

【症状】　在家畜和人均表现为脑膜炎、败血症和流产，而禽和啮齿类则表现为坏死性肝炎和心肌炎。

反刍动物：病初精神沉郁，视力减弱，体温升高，不食。进而出现神经症状，步样蹒跚常做转圈运动，头颈偏向一侧。颈部、后头部和咬肌发生痉挛。肩臂部被毛脱落，最后倒地昏迷死亡。羊可大批流产。

马：除脑炎症状外，有时背部、腿部和颊部肌肉发生强直性收缩，类似破伤风，咀嚼障碍，甚至口腔黏膜发生坏死，死前有尿血。有时无神经症状而呈急性败血过程。

猪：常发生脑炎，症状很像狂犬病。呈现共济失调、寒战和阵发性痉挛。也有的无脑炎症状而呈急性败血症症状。孕猪常流产。

兔：常无特异症状，渐进性消瘦、虚弱，偶见有大脑炎症状，头偏于一侧，共济失调，采食发生障碍。

【剖检】　脑膜和脑组织水肿、充血和炎性病灶。猪呈败血经过的，出现肺卡他、器官黏膜、心外膜和淋巴结有出血点。啮齿动物肝、脾和心肌坏死。鸡呈败血变化，肝有小点状坏死及心包炎和腹膜炎。

【防治】　土霉素、氯霉素及链霉素对牛、羊的效果较好，而青霉素的疗效更显著。

发现本病要迅速隔离，畜舍用3%的石炭酸或来苏儿等消毒，病畜肉非经煮熟不得食用。

（六）狂犬病

【病原】　狂犬病病毒。

【传染】　犬、人、各种家畜和家禽、小的实验动物均可感染。主要传染来源为病犬，通过咬伤患病。多为散发。

【症状】　可分狂暴型和沉郁型两种。狂暴型的极度兴奋,行动不安,肌肉震颤,狂咬狂吠。沉郁型病畜精神萎顿,隐蔽不动,常迅速发生麻痹现象。

【诊断】　实验室检查首先做脑组织(海马角、小脑与延脑)的涂片,观察有无包涵体(内基氏体)。另将脑组织制成乳剂,给9只小白鼠(剂量0.01毫升)脑内注射。一般注射后9~11天死亡。为了及早诊断,于第5~7日各杀死小白鼠1只,检查包涵体,其余继续观察,如在9~11日仍无死亡,须观察至21天。

【防治】　为预防发生狂犬病,应对所有家犬每年注射1次疫苗;被病犬咬过的动物,如已注射疫苗的,须严格、隔离观察至少两个月,如未注射疫苗的,须严格隔离观察至少3个月。患狂犬病的病畜,不宜治疗,应予扑杀。家畜被咬伤后,在8日内,可屠宰作肉用。

(七)伪狂犬病

【病原】　伪狂犬病病毒。

【传染】　家畜、家禽及部分野生动物(如野猪、狼、貂、啮齿动物)均可感染。家畜中猪较易感染,其次为牛、马。猪为重要的传染源,能将本病传染给牛和马。病畜的肉品和分泌物及鼠尸污染的饲料及饮水,经消化道、鼻黏膜、生殖道黏膜或体表伤口而传染。呈散发性或地方性流行。

【症状】　患病幼猪体温升高,呕吐。兴奋不安,肌肉痉挛,四肢有不随意动作,并伴有麻痹。大猪除体温升高外,常表现为上呼吸道炎症,类似流感,神经症状少见,死亡较少。

病牛精神沉郁、拒食、反应滞缓、不安。局部肌肉痉挛,常摩擦面部或鼻部,或用舌头舔发痒部分皮肤,使该部脱毛、水肿,以致破皮流血。呼吸及心跳均加速,最后咽喉麻痹,大量流涎。

病羊体温升高,呼吸加速,精神沉郁,肌肉发抖,对外界反应敏感。常以足抓摩口唇或其他部分皮毛。也表现咽喉麻痹、衰竭。

病马体温升高、拒食、不安、对外界反应敏感。身体局部发痒,摩擦患部,有阵发性痉挛。

患病犬、猫精神沉郁不安、不食、鸣叫,舌舔痒部,口渴。肌肉抽搐,咽喉麻痹。

【防治】　本病须注意与狂犬病相区别。

隔离病畜,用伪狂犬病免疫血清或恢复期病畜的血清进行治疗。病畜舍用2%~3%氢氧化钠消毒,灭鼠以防止散毒。

(八)钩端螺旋体病

【病原】　钩端螺旋体,有多种型。

传染家禽、家畜、毛皮兽及野生动物,均可经消化道、皮肤和黏膜以及生殖道感染。幼畜较易感,病情也较严重。呈地方性流行或散发。夏秋季多发。

【症状】　潜伏期一般为2~20天。

牛最为急性症状为:突然不食,体温41℃~42℃,结膜充血、黄染,心跳增速,呼吸快。尿深红色,下痢,全身虚弱,12~24小时窒息死亡,多见于犊牛。急性表现为精神沉郁,体温升高、不食、不反,次日发生黄疸,阴唇黏膜特别明显。

尿色深红,便秘,常因心肌麻痹死亡。亚急性症状与急性相同,但发展缓慢,顽固便秘,有时转为顽固腹泻,消瘦,贫血。

猪主要表现为体温升高,精神沉郁,食量减少,结膜充血,头部浮肿,皮肤坏死。

马多数不表现明显症状。有些体温升高,食欲减退、虚弱,有

结膜炎,伴有眼睑水肿,流泪和羞明。马的周期性眼炎(月盲症)为本病的一种临床表现。

【剖检】 一般见皮下组织黄染,有浆液性浸润及溢血点。肝肥大、柔软。肾表面有灰色小病灶及出血点。淋巴结肿大,切面见出血点。胃肠道有出血性炎症。

【防治】 在疫区长期活动的马匹,或历年多发本病的单位,可在夏秋季节接种钩端螺旋体多价菌苗,以一周的间隔,在颈部皮下接种两次,每次剂量为 15 毫升;幼驹依据年龄大小,第一次为 4~10 毫升, 第二次 7~15 毫升, 有较好的免疫效果。0.1%升汞、0.25%福尔马林 5 分钟可杀菌。

病畜早期可应用青霉素和链霉素治疗。还可用高免血清、九一四以及其他对症疗法,如缓泻、强心,利尿及补液等。

第三部分　家畜寄生虫病

寄生虫病是畜禽的常见病,常呈地方性流行,不及时防治可造成畜禽大批死亡。

一、寄生虫的生活史和传播方式

寄生虫生长、发育、繁殖的生长繁殖过程叫作生活史。体内和体表有寄生虫暂时和长期寄生的动物叫作宿主。我们掌握了寄生虫的生活史后,可采取有效的防治措施。

寄生虫可经口传染、经皮肤感染和接触感染等。寄生虫卵多数在自然环境中发育后才可感染畜禽,有的要在其他动物(中间宿主)体内发育繁殖后才能进入家畜体内。

猪蛔虫、马蛲虫、猪肾虫及球虫等虫卵或卵囊排出体外,直接或在自然环境中经过一段时间的发育后,污染草料、水源,再经口或皮肤传染。

马、牛的焦虫病是通过蜱传播感染的,而幼虫必须在中间宿主吸血蜱(八角子)体内经过发育或繁殖后,才可以经蜱吸血感染马、牛等动物。

血吸虫病则是虫卵在水中孵出毛蚴,进入钉螺体内发育成毛蚴,出螺体后的尾蚴,可直接穿透人、畜的皮肤而感染。

鸡、兔球虫病是通过污染饲料、垫草而经口传染的。

我们了解了寄生虫的这些生活规律和传播环节后，才能有效地采取相应措施消灭寄生虫。

二、寄生虫的危害性

首先是机械性的损害，如猪蛔虫，在幼猪体内大量寄生可造成肠阻塞。牛皮蝇蛆可造成牛皮穿孔。马胃蝇蛆在幽门部多量寄生时可继发胃扩张。

二是吸取大量营养，多种寄生虫吮吸血液，采食体内营养，可造成动物的消瘦、贫血和母畜不孕等症状。

三是分泌毒素，如猪蛔虫、血吸虫，马、牛焦虫，鸡球虫等都可分泌毒素，有的抑制动物生长，病猪可成为"小僵猪"，也有的动物由于毒素刺激可出现神经症状。

四是造成细菌和病毒感染，如马副丝虫病（切肤病）可引起皮肤感染而溃烂不愈。猪肺丝虫病容易引起猪流感病毒感染。

三、寄生虫病的综合防治措施

一是要管理好动物的粪便，坚决做到人有厕所、畜有圈，圈舍的粪便常清理，堆在一起发酵后，可消灭各种虫卵。

二是消灭中间宿主（方法见各病）如蜱、蝇、螺蛳等。

三是每年定期驱虫 1~2 次，定期检查畜体、检验粪便，及时治疗病畜。

四是预防性投药，在畜禽易感期间及气候不良季节投给预防药物。

四、动物驱虫的注意事项

在使用任何一种驱虫方法时，都应考虑到药品便宜，使用安全并且驱虫效率高的药，同时不因驱虫而污染外界环境。应做到：

（1）不散布病原（虫卵、虫体）。在驱虫期间不放牧，等到家畜排完病原后，彻底清理圈舍的粪便，堆积发酵，圈舍用1%~2%的火碱水或石灰乳消毒后，再让家畜进入。

（2）驱虫一般在春秋两季各进行一次，猪可在2个月和5个月时各驱虫一次。

（3）大群驱虫时应做驱虫的安全试验。特别是应用新驱虫药时更要注意。选择有代表性的家畜10~20头进行小群驱虫，确定安全后再做全群的驱虫。

混在饲料中投药时，必须混拌均匀，并在空腹时投给。

五、家畜常见寄生虫病

（一）猪的寄生虫病

猪蛔虫病

【病原】 猪蛔虫，为猪小肠内最常见的寄生虫，长20~30厘米。黄白色，圆柱状。猪食用了有虫卵的饲料、饮水和粪便而感染。

【症状】 2~6个月的白猪多发病，一般见到咳嗽、厌食、卧地不起。严重时由于体内毒素的作用可造成便秘、腹泻交替发生，并渐消瘦、贫血，结膜苍白，生长缓慢，成为"僵猪"。病猪可从粪便中排出虫子，或从口中吐出蛔虫，并可在粪便中检出虫卵。

【治疗】

（1）敌百虫：每千克体重0.12~0.15克（一头猪最多不超过7克），在早晨饲喂前将药灌服或用胃管投入。

（2）驱蛔灵：每千克体重0.2克，混入饲料内一次服。

（3）左咪唑：每千克体重8毫升，配成5%水溶液灌服或混入饲料内喂服。

（4）赛嘧啶：每千克体重20~30毫克，拌入饲料中1次喂服。

（5）花椒 30 克用文火炒黄捣碎，乌梅 30 克压碎混合后加温调稀灌服（为 15 公斤猪的用量）。

（6）中药：使君子、乌梅各 30 克，苦楝皮、槟榔、鹤虱各 15 克共研成细末，混于饲料中，早晨空腹饲喂，每千克体重用 1 克，10 天后再服 1 次。

【预防】 每年春秋各驱虫 1 次，仔猪最好在 2 个月和 5 个月时各驱虫 1 次；常清猪圈，粪便堆集发酵，在饲槽内喂料饮水。

（二）猪鞭虫病

【病原】 猪毛首线虫，寄生在猪大肠内，猪吃虫卵后患病。成虫有 3.3 厘米左右，形状如鞭子，前细后粗，虫体乳白色。

【症状】 大量寄生时，常引起盲肠黏膜损伤，并由于毒素的危害，引起消瘦贫血，病猪下痢，粪中带血和脱落的肠黏膜。

防治同猪蛔虫病。

（三）猪巨吻棘头虫病

【病原】 蛭形巨吻棘头虫，寄生在猪的小肠内，幼虫寄生在多种甲虫体内（中间宿主），猪吃甲虫可患病。成虫长 10~30 厘米，前粗后细，前部有巨吻和小钩，身上有明显的横纹。

【症状】 少量寄生病状不明显，多量寄生时可见患猪不安，虫体叮咬肠壁时猪尖叫，粪便带血。严重时病猪消瘦、贫血，常下痢，可造成肠穿孔引起死亡。

【治疗】

（1）敌百虫：用法用量见猪蛔虫病。

（2）中、小猪每头用量：南瓜子 0.19 克、雷丸 1.88 克、榧子 1.88 克、使君子 2.81 克、雄黄 0.94 克、槟榔 0.47 克、滑石 0.94 克、木通 1.88 克，共研细末，喂服。

（3）左咪唑：每千克体重 10 毫克配成 10% 溶液肌肉注射。

【预防】　消灭圈内甲虫（如金龟子）及其幼虫，粪便堆集发酵。

（四）猪肺丝虫病

【病原】　寄生在猪肺内的一种黄白色寄生虫，如蒜须子。幼虫寄生在（中间宿主）蚯蚓体内，猪吃蚯蚓可患病。

【症状】　常呈地方性流行，患猪咳嗽，鼻流黏液，消瘦贫血，常继发细菌性肺炎。

【剖检】　肺脏边缘有灰白色病灶，内有丛状堆积的虫体。

【治疗】

（1）碘化钠溶液气管注射（注射法见诊疗技术）：碘片 1 克、碘化钾 2 克，溶于 1000 毫升蒸馏水中，过滤灭菌，每千克 0.5 毫升，隔 5~6 天注射 1 次，一般 3~4 次。

（2）左咪唑：每千克体重 8 毫克混饲或灌服。

（3）海群生：每千克体重 0.1 克，皮下注射或内服。

（4）氢乙酰肼：每千克体重 17.5 毫克内服；皮下、肌肉注射每千克体重 15 毫克，总剂量不得超过 1 克。

【预防】　注意猪粪发酵处理。避免在蚯蚓密集的地方放牧。

（五）猪姜片吸虫病

【病原】　姜片吸虫。其成虫为白肉色，背部凸而腹面平，前端略狭，后端较宽的卵圆形虫体，寄生在猪和人的小肠内，虫卵随粪便排出体外，发育成毛蚴，又在螺蛳体内经一系列的发育成尾蚴，附着在水生植物上，并形成囊蚴。猪多因食用了未经煮沸的水生植物，如水浮莲等而感染发病。我国南方各省多发。

【症状】　病畜食欲不振，逐渐消瘦，并出现水肿，有时伴有腹痛。结合粪便中的虫卵检查和流出情况进行诊断。

【治疗】

（1）该病特效药为吡喹酮每千克体重 30~50mg,加入精饲料中自食,每日 1 次或 2 次分服。。

（2）硫双二氯酚(别丁):每千克体重 0.07~0.1 克混于稀粥内一次喂服。

【预防】

（1）流行地区要定期驱虫。

（2）以水生植物为饲料须加热处理。

（3）加强对人畜的粪便管理,使其堆积发酵。

（4）灭螺。

（六）猪囊虫病(米身猪、豆猪)

【病原】 猪囊虫是有钩带状绦虫的幼虫。成虫寄生于人体小肠内。病人的粪便中带有虫卵,猪吃粪便后,虫卵就会在猪体内发育成幼虫。寄生于咬肌、臀肌及舌肌等处,呈米粒状,一般叫"米心肉"。人食用了未经煮熟杀死囊虫的"米心肉"就患绦虫病。

【症状】 轻时症状不明显。有时可在猪舌下见到灰白色透明状如米粒大小的囊状物。重症时病猪经常前腿开张,猪站立时呻吟,驱赶时嘶叫,可在舌下及眼膜内看到囊状物。触动肌肉丰满的前后肢有痛感。

【防治】 做到人有厕所、猪有圈,严禁猪食人粪,取消连茅圈。对绦虫病人及时治疗。加强肉品卫生检验工作。

（七）猪弓形体病

【病原】 弓形体原虫。原虫的形态分为"增殖型"原虫和"胞囊型"原虫两种。

增殖型原虫长 4~7 微米,宽 2~4 微米,游离于细胞外的呈弓形新月状,在细胞内侧呈纺锤形。原虫的一端尖锐,另一端钝圆。核在中心稍偏下钝圆部,血液涂片用姬姆萨染色,显微镜下检查为红色的网状和泡状,核与尖端之间隙可见有颗粒,无鞭毛。

"胞囊型"原虫是由数千个原虫集聚在一起组成,呈球状,表面覆盖一层薄膜,多寄生在脑和肌肉内。

【传染】　有垂直感染和水平感染等方式。可通过胎盘、子宫、产道、初乳垂直感染。从猪的流产胎儿和产后虚弱的仔猪体内可检出原虫。水平感染主要通过饲料、饮水污染而经口感染;也可经由呼吸道感染。

【症状】　垂直感染除有死胎、流产外,中枢神经还有相同疾患,脑水肿,运动神经障碍。水平感染病猪,体温高达 41℃~42℃,饮水、食欲废绝,呼吸浅而快,频发轻微咳嗽,耳翼、下腹部及四肢有紫红色瘀血或皮下出血,急性的 4~5 日死亡。一般症状在 2~3 天内时重时轻,可持续 2 周左右从亚急性转为慢性。仔猪死亡率达 30%~40%。慢性的则出现发育不良、僵猪、慢性下痢等。

【剖检】　猪的下肢、下腹部、耳翼有瘀血斑和皮下出血的紫红斑。肺部有萎缩不全的褪色,严重的肺水肿。全身的淋巴结节有髓样肿胀、硬结、坏死。肝脏瘀血,有散发的灰白色坏死斑。

【诊断】　最准确的方法是检出虫体。猪发病时,一般可从血液抹片(姬姆萨染色)检出"增殖型"原虫或从脑、肌肉中检出"胞囊型"原虫。

【治疗】　应用磺胺-6-甲氧嘧啶或磺胺-5-甲氧嘧啶(SMD)等磺胺类药物,加配敌菌净(DVD)或加氧苄氨嘧啶(TMP)等增效剂治疗,均有明显疗效。此外,治疗急性病猪时,还可同时采取对症疗法。

（八）猪肺虫病

【病原】 有齿冠尾线虫，寄生在猪的肺脏及附近脂肪和输尿管附近。虫体长 1~3.5 厘米，白色。可经口和皮肤感染。

【症状】 虫体少量寄生时病状不明显，严重时可见精神沉郁，卧地不起、畏寒、食欲减退或变色。消瘦贫血，行走时两后肢交叉，蹄尖着地，左右摇晃。尿少而次数多，并见血色脓块。3~4 龄仔猪容易死亡。

【治疗】

（1）左咪唑：每千克体重 8 毫克，拌在少量饲料内一次喂服。

（2）噻苯唑：每千克体重 10~40 毫克拌在饲料中喂给。

（3）四氯化碳（原液）：每千克体重 0.2 毫升，肌肉注射，每日一次，两日注射 5 毫升，两天注射完。

（4）敌百虫：每千克体重用 0.075~0.08 克，配成 10%溶液（灭菌蒸馏水配制）肌肉注射，分两日注射完。如 50 千克的猪用 4 克敌百虫配成 10%溶液 40 毫升，每天各注射 20 毫升，两日内注射完。

（5）中药：槟榔、贯众、蛇床子、鹤虱、苦楝皮各 9 克，甘草 6 克（10~15 千克猪一次量，大、小猪可酌量增减）。以 1000 毫升水煎汤为 500 毫升调入少量精料内，在早晨空腹时喂给。

（6）治疗期间应配合用健胃药及抗生素。

【预防】 经常清理圈舍，可用 0.1%的高锰酸钾水消毒，或用 1%的石灰水消毒以杀灭虫卵。及时治疗病猪。经常保持运动场的干燥。

（九）猪疥病

【病原】 穿孔疥螨。虫体小如针尖，灰白色，能在猪皮肤挖隧道而寄生于深处。

【症状】 本病多发生在寒冷季节。病猪皮肤剧痒，到处摩擦。

患部形成小结节、水泡或脓泡,破裂形成痂皮,皮肤变干燥而硬固。病猪生长迟滞,甚至瘦弱死亡。

【治疗】

(1)0.5%~1%敌百虫喷洒猪体。

(2)狼毒 45 克、花椒 60 克、白矾 45 克、大枫子 30 克、铜绿 30 克、白芷 45 克、硫黄 45 克,共为细末,棉籽油调,涂患部。如全身患病,每次涂 1/4,以防中毒。

(3)烟叶或烟梗 1 份,水 20 份,放锅中煮 1 小时,除去烟叶或烟梗,用煎剂洗涤猪体患部。

【预防】

(1)及时发现病猪,早日隔离治疗。

(2)保持猪舍干燥通风,勤起勤垫,注意消毒。

(十)猪虱、马虱、牛虱、鸡虱

【病原】　虱寄生于动物身体的耳根、颈及下腹部,在猫上生产卵,3~4 周变为成虫。鸡常寄生在肛门周围、羽毛杆上及头部。

【症状】　虱有锋利口器,吸血,寄生严重的使皮肤发痒,摩擦呈成皮肤炎。病畜逐渐消瘦贫血,生长发育迟缓。病鸡产蛋减少。

【治疗】

(1)0.5%~1%敌百虫 1~2 次。

(2)用盐水或卤水涂擦有虱部分。

(3)鸡虱可用沙浴法。取细沙 50 千克加硫黄粉 5 千克,充分混匀,放在鸡运动场内浅池中,让鸡自行沙浴。也可用撒粉法。用滑石粉配成 4%马拉赛昂或 0.5%的蝇毒磷,撒布在鸡体有虱寄生处。

(4)百部 60 克,烧酒 1 千克,百部浸酒内 24 小时后,滤出百

部渣,用滤液涂擦患部。

（十一）牛、羊寄生虫病

牛、羊肝片吸虫病（肝蛭）

【病原】 寄生在牛、羊肝脏的胆管内,虫体柳叶状,淡灰褐色,幼虫经螺蛳体内到水草上,牛、羊吃草饮水可患此病。

【症状】 病畜逐渐消瘦,毛枯焦脱落,黏膜苍白;眼睑下、胸腹发生水肿;有时下痢,最后瘦弱死亡。

【剖检】 胸腹腔有大量黄色积液;肝肿大,胆管肥厚,里面充满血状污液和虫体。有时在胆管内壁,还可见有结石或黑色盐类沉着,肝脆弱。

【诊断】 在粪便中可检出虫卵。

【治疗】

（1）羊一般用四氯化碳与等量液体石蜡混合肌肉注射,成羊2毫升,驱虫率达90%~95%,反应小。

（2）牛一般内服六氯乙烷,每千克体重0.2~0.4克。成年牛约50~80克;1岁牛约10~15克;对瘦弱牛每千克体重0.1克。投药两次,间隔2~3天。于早晨喂饲前3~4小时给药。治疗前、后3天不喂料,以防止胀肚。用药后发生反应,羊可静脉注射1%氯化钙3毫升,或口服每日3次,每次6毫升,连服3~5天。

（3）硫双二氯酚:比六氯乙烷便宜,并且效果好,耕牛每千克体重用50毫克,乳牛用60~80毫克,羊每千克用100~150毫克。

（4）硝氯酚（拜耳9015）:黄牛每千克体重5~8毫克;羊每千克体重4~6毫克,一次口服。

（5）硫溴酚（抗虫—249）:黄牛每千克体重30~50毫克;水牛每千克体重30毫克;绵羊每千克体重60毫克;山羊每千克体重

30 毫克,一次口服。

（6）牛可用如下中药：

苏木 20 克、贯众（东北产）18 克、槟榔 18 克、厚朴 18 克、肉豆蔻 18 克、龙蛋 18 克、甘草 6 克,水适量,制成煎剂 600 毫升,候温一次灌服,连服三剂,隔日一次。

鸦胆子 42 克、大茶药 120 克（干燥）、生姜 90 克,水煎灌服（体重 50 公斤犊牛用量）。

【预防】　及时确诊,早日驱虫。尽量少在低洼潮湿地放牧。有条件时可用 1:1000 的硫酸铜溶液或 1:25000 的石灰石水灭螺,稻田可用氨水,1 亩地保持 3.3 厘米（1 寸）水层用 20% 氨水 20千克,既灭虫又肥田。

（十二）牛、羊结节虫病

【病原】　结节虫是寄生在羊、牛大肠内灰白色的一种寄生虫,长约 1.5 厘米,该虫破坏肠壁,可形成 2~10 毫米大小的黄白色硬节,有时可在结节内见到幼虫。

【症状】　对幼羊为害最为严重。病畜消瘦贫血,被毛粗乱,皮下浮肿,下痢。严重感染时便血,有腹疼表现。严重下痢时可引起死亡。

【剖检】　大肠肠壁有绿豆大灰白色的结节,结节内有线头大小的幼虫。幼虫死亡时可见钙化或溃烂的脓样物。大肠黏膜和粪便可见大量成虫。

【治疗】

（1）硫化二苯胺：每千克体重 0.5~1 克加水灌服。临产或体温高者不宜用。

（2）敌百虫：每千克体重山羊 0.075 克,绵羊 0.1 克,配成溶液

灌服。牛对敌百虫敏感，一般不用。

（3）噻苯唑（噻苯咪唑）：混入饲料或配成25%混悬液供灌服或瘤胃中注入，牛每千克体重70~110毫克，羊每千克体重50~100毫克，一次给药，必须时2~3星期再重复给药一次。与噻苯唑药理作用相似的驱虫药还有丁苯咪唑：牛20~30毫克/千克，羊15~20毫克/千克。甲苯咪唑：羊20毫克/千克。康苯咪唑：牛、羊10~15毫克/千克。硫苯咪唑：牛、羊5毫克/千克。

（4）美沙利啶（甲氯啶）：配成37%液体灌服或用无菌蒸馏水配成90%溶液皮下注射，牛、羊每千克体重200毫克。

【预防】 整个秋季，每晚以硫化二苯胺饲喂羊群，成羊1克，羔羊0.5克，与食盐按1:19比例混合，或以浸湿的麦麸混合，任羊自行采食。

（十三）牛、羊捻转胃虫病

【病原】 寄生在羊、牛真胃及小肠中的一种红色毛发状线虫，雌虫的红色肠管，被白色的卵巢缠绕而呈红白相间的花纹，如红白线拧在一起，长约3.3厘米（1寸）。

【症状】 患畜精神萎靡，贫血，体弱力衰，常见颌下和胸部浮肿，下痢与便秘交替出现。

牧草丰盛，饲料良好时症状轻微，冬春季饲草不足时，常引起大批死亡。

【诊断】 真胃剖检后，表面可见大量捻转胃虫。

【治疗】

（1）1%敌百虫溶液内服，山羊每千克体重7.5毫升，绵羊10毫升。

（2）硫化二苯胺内服，成羊15~20克，小羊5~10克（或每千克

0.5~1.0克）。

（3）参照治疗牛、羊结节虫的药物疗法。

【预防】　羊群每年春秋驱虫一次，粪便堆集发酵。

（十四）牛、羊绦虫病

【病原】　绦虫。牛、羊吞食体内带有虫卵的地螨（小甲虫）后，幼虫在小肠内发育成虫，虫体长达 1~5 米，为乳白色。

【病状】　2~8 周龄的羔羊和犊牛最易发病。病初食欲减退，精神不振。后下痢与便秘交替，有时可见粪便上的米粒大、白色的节片。有些病畜还表现痉挛、沉郁和兴奋不安等神经症状，最后消瘦死亡。

【诊断】　粪便检查发现绦虫卵或节片。死后剖检在小肠内找到绦虫，并可见肝脏脂肪变性。

【治疗】

（1）硫酸铜 1 克，盐酸 0.2 毫升，加蒸馏水至 100 毫升，混合溶解，2 月龄羔羊灌 15~30 毫升，4~6 月龄 30~45 毫升，6~8 月龄 45~50 毫升，10 月龄 60~80 毫升。成羊 80~100 毫升（山羊不得超过 60 毫升），犊牛每千克体重 2~3 毫升。注意药液应现用现配，不可用金属容器。投药后如见吐白沫，全身震颤，可灌蛋清 5~10 个或牛乳 1~2 千克解毒。

（2）成年牛可用：槟榔 9 克，石榴皮、贯众各 120 克，南瓜子（新鲜的，捣成泥）120 克，研末加水灌服，如有反应可注射 1%阿托品 3~5 毫升。

（3）硫双二氯酚：羊每千克体重 100 毫克，水牛每千克体重 35~40 毫克，黄牛每千克体重 40~60 毫克，一次内服。

（4）驱绦灵（氯硝柳氨）：牛每千克体重 50 毫克，羊每千克体

重 50~75 毫克。羔羊每头最低量不少于 1 克。

(十五)牛、羊脑包虫病(多见蚴病)

【病原】 脑包虫是多头绦虫的幼虫。成虫寄生在狗、狼、狐的小肠内。病兽的粪便中含有虫卵。牛、羊误食后,在脑内发育形成豌豆到鸡蛋大的囊泡状的多头蚴(即脑包虫)。犬、狼吞食了含有多头蚴牛羊的脑,即感染为多头绦虫。

【症状】 幼虫进入脑后引起脑炎,病畜兴奋狂暴、痉挛。若不死亡,经 3~4 月,症状可暂时消失。但幼虫长大,囊泡压迫大脑,病畜表现无目的奔走,向一侧转圈等特征性神经症状,严重的可导致死亡。

若寄生于脑表面,有时可见局部肿起。

【治疗】 寄生于脑表面的囊泡可施行手术摘除。在肿胀处打开颅腔后,可用镊子夹住囊泡向外拉出,或将颅顶翻转,囊泡可自行脱出。

多头蚴囊泡在深层时,可用注射器针头划开脑髓后抽出一部分液体,囊泡壁随液体抽出而吸入针头,此时紧紧拉住注射器活塞而将囊泡拉出。

【预防】 将患有多头虫蚴囊泡的头、肝深埋或焚烧,不让狗、狼、狐等吞食;每年以槟榔(约 30 克)给狗驱虫两次。

(十六)棘球蚴病

【病原】 狗的棘球绦虫的幼虫被称为棘球蚴。侵害牛、羊、猪及人的肝、肺。呈囊泡状构造,小如豆粒,大如人头,囊内充满液体和大量头节。

【症状】 由于寄生部位和棘球蚴的大小不同其病状也不一样。主要是机械地压迫肝、肺等,造成脏器萎缩,机能减退。此外,毒素的吸收可引起体温升高,呼吸困难。

【预防】 同羊脑包虫。

(十七)羊囊尾蚴病

【病原】 成虫寄生于人的小肠内,为无钩绦虫。幼虫为充满液体的囊泡,囊内有白色头节。寄生在牛的肌肉内,人误食有囊泡的牛肉后可感染牛的无钩绦虫病。

【症状】 病初体温升高,虚弱,瘤胃弛缓,触诊肌肉丰满的地方,患处疼痛不安,淋巴结肿大,牛如果耐过7天左右,病状即不明显。

【预防】 参照猪的囊虫病。

(十八)羊鼻蝇蛆病

【病原】 羊鼻蝇蛆,为羊鼻蝇的幼虫,寄生在鼻腔深处和鼻窦内。虫体长约1~3厘米,浅黄白色,呈椭圆形,背光滑有黑色横带。

【症状】 引起鼻黏膜炎症,流出黏液性或脓性分泌物,有时带血。病羊摇头,频频打喷嚏,有的呼吸困难,摩擦鼻端,或狂奔,烦躁不安,食欲减退,逐渐消瘦。如幼虫钻入大脑则引起神经症状。

【治疗】 秋后,在幼虫未钻入鼻腔时,以喷雾器将3%来苏儿溶液,注入鼻腔20~30毫升杀死幼虫,如爬入深处,可在鼻窦作孔,以敌百虫、四氯化碳等溶液注入鼻窦。

【预防】 夏季中午放牧;冬春两季注意将羊鼻里喷出的幼虫弄死,春季于羊圈四周墙内挖蛹杀灭。

(十九)牛皮蝇蛆病

【病原】 牛皮蝇蛆。是牛皮蝇和纹皮蝇的幼虫,寄生在牛的

背部皮下,可造成皮肤的损伤。

【症状】 背部皮肤有大小不等的肿胀结节,压迫有痛感,病牛瘙痒不安,甚至引起皮肤化脓、瘘管,不易愈合。由于毒素作用,常可引起幼畜贫血。

春夏两季,雌虫产卵追逐牛群时,常引起牛群惊恐不安。

【治疗】

(1)每年初春,于牛背肿胀的结节处剪毛,用3%敌百虫涂擦,隔20天重复一次,或用针挑破结节,挤出虫体。

(2)以60度白酒在虫体寄生部位周围做点状注射一次,虫即死。

(3)可用食盐水注入已破的伤口内,或以盐水洗伤口。

(4)倍硫磷肌肉注射,每千克体重4~7毫克。

(5)皮蝇磷给牛内服,每次每千克110毫克,或每天每千克体重15~25毫克内服,共服6~7天,能有效杀死各期皮蝇幼虫。

【预防】 春夏季雌虫活动期间(4~6月)每半月喷药一次,预防成虫产卵、孵化。

(二十)牛眼虫病(泪虫)

【病原】 寄生在牛眼内(泪腺排泄管内)的一种乳白色的丝状虫体,长约1.5~3厘米,可造成眼球的损伤。

【症状】 患眼羞明流泪,结膜充血。后期有脓性分泌物流出,眼睑肿胀,角膜混浊或有溃疡,最后失明。

注意观察时,可见内眼角处有活动的虫体。

【治疗】

(1)用3%硼酸水或新配的复方碘化钾水溶液(碘1克,碘化钾1.5克,加水2000毫升),每天冲洗3~4次,每次用50~80毫升。并用镊子摘出虫体。

（2）敌百虫 1 克溶于 100 毫升凉开水内，每次用 3~4 毫升，滴入结膜囊内，隔日一次，连用 3~5 次。

【预防】　苍蝇可传播此病，在牛眼周围涂布克辽林软膏或 1%敌百虫油膏，以防传播。

（二十一）牛球虫病（牛便血）

【病原】　球虫。寄生在牛的直肠黏膜上皮细胞内。

【症状】　犊牛多在潮湿的雨季发病。下痢，粪便中混有血液或血块。病情严重时便血。后期大便失禁，里急后重。往往在 10~15 天死亡。发病期间体温达 40℃~41℃，病牛精神沉郁，躺卧不起。

成年牛症状较轻微，多为慢性症状。也表现下痢带血，病牛贫血，逐渐消瘦。

【治疗】

（1）硫胺脒，每千克体重用 0.1~0.25 克，一次内服。

（2）呋喃唑酮（痢特灵），每 100~200 千克的犊牛服 0.5~2 克，每日一次，连服 7 次（每千克体重用 7~10 毫克）。

（3）鱼石脂 20 克，乳酸 2 毫升，水 80 毫升，每日喂犊牛 2 次，每次一食匙，连用 2~3 天。

【预防】　成年牛多为带虫者，应与犊牛分开饲养。粪便应堆积发酵，经常用热水或 1%~2%的热碱水消毒地面、牛栏、饲槽等。

（二十二）羊疥癣病

【病原】　穿孔疥螨和痒螨，是一种由螨虫寄生在羊皮肚表面而发生的一种慢性体外寄生虫病。

【症状】　穿孔疥螨病常局限于头部和颈部。

痒螨多发生在长毛部分，开始限于背部、臀部和皮肤褶皱不明显处，表现为剧痒、脱毛、皮肤发炎，形成病变和脱屑。病畜烦躁

不安,影响采食和休息。逐渐消瘦,重者衰竭死亡。

【治疗】

(1)辣椒 500 克,烟草 1.5 千克,水 2~3 千克,煮后浓缩到 1 千克,滤后使用,用时加温,涂于患部。牛也可使用。

(2)陈艾叶 100 克、花椒 250 克、紫荆皮 120 克、硫黄 60 克、青矾 60 克、石灰 120 克,共煎水洗患部(牛用)。

【预防】 及时发现及时治,注意隔离。保持畜舍清洁,粪便堆集发酵。

(二十三)蜱(八角子、草爬子)

【病原】 蜱寄生于牛、羊、马等动物,吸血后如蓖麻子,外表坚硬深褐色,有腿 4 对。

【症状】 蜱在叮刺吸血时多无痛感,但由于螯肢、口下板同时刺入宿主皮肤,可造成局部充血、水肿、急性炎症反应,同时可引起续发性感染。

【危害】 蜱机械咬伤皮肤造成炎症,多量寄生时可使畜体衰弱。蜱可传染各种血孢子虫病如各种焦虫。

【防治】

(1)敌百虫 1 克,水 100 毫升制成溶液后涂擦畜体。

(2)用滑石粉和其他低毒杀虫药混合,均匀涂擦在畜体上。

(3)用来苏儿等消毒药进行药浴。

牛毛滴虫病

【病原】 胎毛滴虫。寄生在牛的生殖道,引起生殖器官发炎并导致早期流产或不孕。

传播途径主要通过交配传染。也可接触性传播。

【症状】

母牛感染后,阴道黏膜上出现小疹样结节,从阴门流出灰白色絮状分泌物。怀孕后 1~3 个月内发生流产,胎儿死亡。当与化脓菌混合感染时,阴道排出脓样分泌物,体温升高,泌乳量显著下降。流产后,母牛发情期的间隔延长,并有不孕等后遗症。

公牛感染后,包皮肿胀,分泌大量脓性物质,阴茎黏膜上发生红色小结节。公牛表现不愿交配。不久,虫体进入输精管、前列腺和睾丸等部位,临床上则不呈现症状。

【治疗】　用下列药液冲洗母牛阴道、子宫及公牛的包皮腔:

1:1000 雷佛奴尔溶液;

0.5%硝酸银溶液;

1:1000 的碘水溶液(5%碘酊 20 毫升与 1000 毫升水混合)。

用上述药液洗涤过程中应尽可能使药液在局部多停留,使药液充分与患病组织接触,以达到杀死虫体的目的。隔日一次,连洗 3 次为一疗程,间隔 5 天,再重复一个疗程。

【预防】

(1)加强饲养管理,注意畜舍、用具的清洁和消毒。

(2)病牛和健康牛要隔离饲养,不得混群。检查种公牛的精液,证明无滴虫感染之后,才可使用。

牛巴氏焦虫病

【病原】　牛巴贝斯焦虫。为寄生在牛红细胞内的血孢子虫,虫体在红细胞内呈双梨子形,以尖端粗连,构成锐角,虫体小于红细胞半径。蜱传染此病,蜱活动时此病流行。

【症状】　体温升高,达 40℃以上,胃肠蠕动弱,心跳快,呼吸迫促,下痢,黏膜发黄,血稀薄,尿红色,奶牛产奶量骤减,重病牛

5~6天死亡。

【剖检】 组织苍白带黄疸色,腹部皮下水肿。脾边缘钝圆,质脆。肝肿大无光泽,无弹力。胆囊肿大,内容物黏稠,肾、膀胱、胃黏膜小点出血。

【治疗】

(1)0.5%黄色素溶液50~100毫升（每千克体重0.003~0.004克）,静脉注射,24小时后重复注射1次。

(2)1%台盼蓝溶液,80~180毫升（每千克体重0.003~0.005克）静注射,用时现配。

(3)高锰酸钾5~8克,水2~3.5千克配成溶液,每日1次,连服1~3次,体温下降后,仍连服2日。最好在热前4~5小时用药。

(4)贝尼尔(血虫净),水牛每千克体重7毫克,黄牛每千克体重5~7毫克。用蒸馏水配成7%溶液,臀部深部肌肉注射。轻症1次,重症每天1次,连用3次。

(5)硫酸喹啉脲的用法用量见秦氏焦虫病。

【预防】 灭蜱,以1%敌百虫液喷洒。

(二十四)牛秦氏焦虫病

【病原】 牛秦氏焦虫。在红细胞内,虫体极小,呈小环状、短杆状、帽针状等多种不同形态。每个血细胞里可寄生1~5个虫体,只有红细胞半径的1/5,蜱为传染性媒介。

【症状】 多为急性,病初体表淋巴结肿大,体温上升达40℃~42℃,呼吸、脉搏加快,流涎,下痢,粪内带血,一般无血尿,有黄疸症状,泌乳牛产奶下降。如不治疗,约2~3周死亡,死亡率达80%~90%。

【剖检】 尸体消瘦,胸、腹两侧皮下有出血斑,淋巴结周围呈肉脓样,透过包膜可见出血点;肾出现结节变化,真胃黏膜上也出现黄白色结节,或凸出的暗红出血斑点。肝、脾、胆囊肿大。

【治疗】

(1)磺胺甲氧吡嗪(SMPZ):每千克体重 50 毫克,甲氧苄氨咪唑(TMP)每千克体重 25 毫克和磷酸伯胺喹啉(PMQ)每千克体重 0.75 毫克,3 种药同时服用,每日或隔日 1 次,连用 2~3 次,有较好的疗效。

(2)贝尼尔:黄牛每千克体重 3.5~7 毫克,配成 7%溶液,每天 1 次,肌肉注射,连用 3 天。无明显好转隔两天后再连用两天。对重症者应用 7 毫克/千克的剂量。

(3)硫酸喹啉脲:每千克体重 1 毫克,以灭菌蒸馏水或生理盐水配成 1%~2%的溶液,皮下注射在吸收缓慢的皮肤、尾根皱襞等部位。注射后出现反应时,可皮下注射阿托品(每千克体重 0.1 毫克)。

(4)磺胺苯甲酸钠:每千克体重 0.003~0.009 克,配成 10%水溶液肌肉注射。

(5)纳嘎宁:每千克体重用 0.015~0.02 克(精制品),配成 10%溶液,经过滤后,煮沸消毒 30 分钟使用,静脉注射。

(6)高锰酸钾 2~6 克,加水 1000 毫升,隔日灌服 1 次。

(7)皮肤、黏膜等有血点时宜用:氯化钙 10 克,抗坏血酸 3 克,盐酸硫胺 0.05 克,灭菌蒸馏水 120 毫升,一次静脉注射,连用 2 次。

预防同巴氏焦虫病。

(二十五)血吸虫病

【病原】　分体吸虫。寄生在牛、羊、猪、马等多种动物的门静

脉及肠系膜静脉中,虫体细长 0.9~1.7 厘米,通过钉螺传染给各种动物及人。

【症状】 急性时腹泻严重,粪便中混有脱落的肠黏膜和血液。在慢性时可见腹泻及便血,日渐消瘦、贫血,母畜流产,严重者死亡。

【诊断】 主要是检查出粪便中的虫卵。

【治疗】 7505(4-硝基-4,异硫氰酸基二苯胺):每千克体重 40~60 毫克,一次口服,疗效满意。

【预防】 及早发现病畜,及时治疗。粪便堆集发酵,杀灭虫卵及幼虫。消灭钉螺。是人畜共患病,应与卫生部门共同进行工作。

(二十六)马的寄生虫病

马圆虫病

【病原】 马圆虫。寄生在马、骡结肠、盲肠和肠系膜动脉根处的一种褐色或灰褐色的线状虫体,长短不等,一般为 0.5~4.5 厘米。

【症状】 幼虫寄生在肠系膜动脉根,形成血栓或动脉瘤时,马匹在重度使役后,常发疝痛。少量成虫寄生,无明显症状,大量寄生则可引起贫血、水肿、下痢、消瘦。

【治疗】

(1)噻苯唑:每千克体重 15~25 毫克,一次内服。

(2)驱蛔灵(哌嗪):每千克体重 220 毫克,一次内服。

(3)硫化二苯胺:25~30 克(每千克体重 0.05~0.1 克),混于饲料内喂服。

【预防】 注意马舍清洁卫生,定期进行消毒,粪便堆积发酵。

马蛲虫病

【病原】 马蛲虫。寄生在马的盲肠、结肠内,产卵时虫体在直肠内,卵产在马肛门周围。虫体灰白或黄白色,尾尖细呈绿豆芽状。

【症状】 肛门及尾部剧痒,患畜长期不安,日渐消瘦,贫血。

【诊断】 肛门周围有灰白色或绿色污块,刮掉放显微镜下,可见椭圆形虫卵。在适宜条件下,发育为含有幼虫的侵袭性虫卵,马吞食后被感染。病马食欲下降,喜饮水。

【治疗】

(1)敌百虫:马、骡 10~13 克(每千克体重用 0.05 克)配成 20%水溶液,胃管投入。

(2)噻苯唑:每千克体重 2.5~30 毫克可驱除成虫,每千克体重 100 毫克可驱除未成熟的虫体。

(3)用水或消毒水洗去肛门周围的绿色污块。

(4)常用 2%左右盐水灌肠可达驱虫目的。

(5)雷丸、使君子各 60 克,槟榔 60 克,研末一次灌服(成年马用量)。

【预防】 检出带虫及时驱虫。保持畜舍、用具清洁。经常刷拭肛门周围皮肤。

(二十七)马胃蝇蛆病

【病原】 马胃蝇蛆。是马胃蝇的幼虫,寄生在胃和十二指肠,叮咬黏膜。幼虫呈白色或粉红色,像花生米样大小。

【症状】 幼虫爬行于舌、咽部黏膜时引起咳嗽,打喷嚏;寄生于胃时,刺伤胃黏膜,引起消化不良、贫血、消瘦和慢性肠炎。有时伴有疝痛。

幼虫在直肠爬行和叮咬肛门时,引起奇痒。

【诊断】 根据病史、发痒季节、临床症状诊断。春末夏初检查

时应注意粪便中及肛门周围是否有虫体,也可做实验性驱虫。

【治疗】

(1)敌百虫:马、骡 10~13 克(每千克体重用 0.05 克),配成 1%溶液口服,驱虫率可达 97%。

(2)二硫化碳:胃管投入,成马 15~18 毫升(每千克体重 0.05 毫升)。

在大批驱虫前,应选出少数病畜做安全实验,证明效果安全后,再用于大群。

【预防】 每年初春应驱虫一次,将驱出的虫体消灭。在马胃蝇出现季节,每隔 5 天用 1%敌百虫溶液喷洒马体,以杀死马匹体表的幼虫卵。

(二十八)马副丝虫病(血汗病、切肤病)

【病原】 多乳突副丝虫,为寄生在马皮下组织内的一种长 2 厘米左右的包色线状虫体。

【症状】 夏季炎热的季节,在颈部、背部、胸部出现豆大结节,结节破裂后流血,最后结痂。气候凉爽后可自愈,但来年又复发。

【治疗】

(1)局部治疗:1%~3%石炭酸,涂擦患部,每天 2 次。

(2)敌百虫(精制):10 克敌百虫加蒸馏水 100 毫升,每次用配好的药液在出血周围分两点做皮下注射 0.5~1 毫升。

(3)寒水石 15 克、大黄 10 克、白矾 25 克、黄芩 30 克、玉米 45 克、甘草 3 克、白芷 45 克、当归 2 克,研末,开水冲,候温灌服。

(二十九)马的浑睛虫病(马的丝状虫)

【病原】 浑睛虫,是马的丝状虫幼虫,寄生在马眼球内(眼前房),幼虫长 2~3 厘米,呈乳白色的丝状。成虫寄生在腹腔、胸腔及阴囊等处,成虫长 7~12 厘米不等。

【症状】　寄生在腹腔等处的成虫不引起症状,幼虫在眼球内寄生时可引起羞明、流泪,造成白内障,角膜也同时混浊,严重时患眼失明。

【治疗】　开天穴巧治:等虫体游至眼前房内,用 0.5%~3% 毛果云香碱点眼,使瞳孔缩小,防止虫体退回后眼房。再用 3%~6% 的奴夫卡因液于 3~5 分钟内连续点眼数次。然后一手开张眼睑并固定眼球,另一手用中号注射针头,轻手急刺 3 毫米左右深,退针后,虫体随眼房流出。

也可用缝衣针,用白棉线缠住针尖,针露出 3 毫米左右,右手持针。将病畜头确保定好,病眼朝光,等虫体游过黑眼珠中间处下针,虫体随即流出。

(三十)马的血孢子虫病

【病原】　马焦虫和马纳塔焦虫,寄生在马的红细胞内,马焦虫在红细胞内呈环形及梨籽形,典型虫体为双梨籽形。纳塔焦虫典型虫体是"十"字形虫体。蜱(八角子)是本病的传播者。发病季节与蜱的出现相关。

【症状】　两种焦虫所致患畜症状基本相似, 但马焦虫更严重些。

病初高烧达 40℃~41℃之间,稽留 3~7 天,在高烧期间患畜低头耷耳,眼半闭,肌肉震颤,严重时昏迷,食欲减退或停止,初期便秘后腹泻,有时可见橘红色血尿。

眼及阴道黏膜苍白、黄染,并可见大小不等的出血斑点。

肺泡音粗厉,呼吸困难。心急亢进,节律不齐。

死后剖检可见实质脏器有出血点,脾肿大 2~3 倍,切面暗紫

红色。心肌如熟肉样。

【治疗】 经血液检查(附血片制作法)确定焦虫类型,可用如下药品治疗。无化验条件时,可先用一种药治疗,效果不明显时再换另一种药,并注意与马传染性贫血鉴别。

(1)马焦虫病:台盼蓝为特效药,每千克体重用 0.005 克(成年马用 1~1.5 克),将药溶在 0.4% 的灭菌盐水中,过滤,煮沸 15 分钟,候温静脉注射 100~120 毫升,一次不见好转,隔 2 日再注射一次,疗效可达 100%。

(2)马纳塔焦虫病:可用黄色素(吖啶黄、锥黄素)每千克体重用 0.003~0.004 克(一匹马用药 1~1.5 克,不能超过 2 克)。用国产 0.5% 锥黄素注射液 190~200 毫升静脉注射。用药后不能置家畜于直射阳光下,以免发生光敏反应。

3. 血虫净(贝尼尔):3~4 克,配成 5% 灭菌溶液,臀部肌注,24~48 小时一次,共计 3 次。对马的血孢子虫病均有较好的效果。

对患畜加强护理,并对症治疗。

【预防】 主要是消灭蜱。

在蜱活动季节用药物消灭,可用 1/1000 的敌敌畏喷在寄生部位、地面及墙缝内(此时牲畜应牵出)。

对马应经常检查身上有无蜱的寄生,如有应及时消灭。牧场上蜱多时应转换新牧场。

附马血孢子虫病的血液检查方法。

在病畜发热后的一两天内取耳内静脉血,把耳尖部剪毛(多剪些)用酒精擦净充分风干后,左手紧握耳根部,用注射针头刺破静脉,让血自然流出,必须取第一滴(虫体多),滴放在干净的玻片上。

也可用颈静脉血浓集后做血片。方法是：采颈静脉血 10 毫升，与等量 2%柠檬酸钠溶液混合后放在离心管中，以每分钟 500 转速度离心 3~5 分钟；然后吸出 2~3 毫升上部的黄色液体，注于另一离心管中，以每分钟 1500 转速度离心 15 分钟，吸出上部透明液，取下部沉淀片。用姬姆萨或瑞氏染色后检查虫体。

（三十一）马媾疫（马的淋病）

【病原】　为马媾疫锥虫，借病畜与健畜交配时生殖器官黏膜的接触而引起感染。虫体在显微镜下呈纺锤形。

【症状】　马属动物多为慢性经过，改良的种马为急性经过。开始马的阴茎及母畜阴门（水门）、乳房等处发生水肿，并见性欲亢进及频频排尿，1 个月后可见到皮肤各部出现圆形或椭圆形的"轮状丘疹"一掌到两掌大小。但仅可保持几个小时到 1 天，这是本病的特殊变化。最后多因全身麻痹卧地不起，消瘦死亡。

【治疗】

（1）血虫净按每千克体重 3.5~4.0 毫克，用注射用水配成 5%水溶液深部肌注，可间隔 5~12 天用药 2~3 次。

（2）纳嘎诺 2 克，灭菌蒸馏水 100 毫升做成注射剂，一次静脉注射，或取 75 毫升做皮下注射，每隔 2~3 日注射 1 次，共注射 3~4 次。

（3）硫酸甲基安锥赛，每千克体重 3 毫克，注射水配成 10%溶液，肌肉注射。

（4）二氯苯脒 1 克，灭菌蒸馏水 100 毫升制成注射剂。取 7.5 毫升静脉注射，每隔 4~5 日注射 1 次，共注射 2~3 次。

（5）纳嘎宁：每千克体重 0.01~0.015 克，用生理盐水配成 10%的溶液，静脉注射。经 30~40 天后再以同样剂量作第二次注射。为

减轻副作用应在用药前后 1~2 天和治疗后 7~10 天内,每天牵遛病马 2~3 次,直至轻度发汗为止。

【预防】 大力开展人工授精,经常检查种马,注意可疑马,发现病畜及时治疗。在此病严重地区可给种公马在配种前注射纳嘎宁,按每千克体重 0.01 克注射。对无种用价值的公畜应去势。

(三十二)马疥癣病

【病原】 疥螨。

【症状】 先从头部开始,逐渐蔓延到肩、背。初期的小结节渐成水泡,因痒觉摩擦破裂结痂。

【治疗】

(1)先将患部用肥皂水洗净,然后用来苏儿 1 份加水 19 份混匀后涂患处。

(2)用 1%敌百虫涂患部。

(三十三)鸡、鸭、兔的寄生虫病

鸡蛔虫病

【病原】 鸡蛔虫,寄生在鸡小肠内。虫体为 5~11 厘米长的黄白色线虫。

【症状】 成年鸡在轻度感染情况下,一般不表现病状。雏鸡感染本病后生长迟缓,消瘦,贫血,下痢和便秘交替发生,羽毛逆立,精神不振,两翅下垂,最后因极度消瘦而死亡。

【治疗】

(1)枸橼酸哌哔嗪(驱蛔灵):配成 1%的水溶液让其自饮,或每千克体重 0.25 克混于饲料中喂服,或直接经口灌服。

(2)四氯化碳:成年鸡每只 2~3 毫升,2~3 个月的鸡每只 1 毫升,常用带有胶管的注射器注入食道或用注射器直接注入嗉囊。

(3)硫化二苯胺:成年鸡每千克体重 0.5~1 克,幼鸡每千克体重用 0.3~0.5 克,混在饲料中喂服。

(4)烟草粉:按饲料总量加入 2%烟草粉,每天上、下午各 1 次,让鸡自由采食,连续饲喂 1 周。经 1~2 个月后,进行第二次治疗。

(5)左咪唑:每千克体重 12 毫克混于饲料中一次喂服。

【预防】 注意保持鸡舍清洁干燥,粪便堆积发酵。成年鸡与雏鸡隔离饲养。饲料中可以经常加少量硫化二苯胺,以预防鸡蛔虫病。每年定期驱虫 1 次。

(三十四)鸡、鸭绦虫病

【病原】 寄生在鸡、鸭小肠内一种白色、扁平分节的带状虫体,小的 1~2 厘米长,大的 20~24 厘米长。鸡、鸭吃体内带有绦虫幼虫的蚯蚓、蜻蜓等可患病。

【症状】 对雏禽致病力强。病禽下痢,粪便带血,食欲废绝,喜饮水,并有绦虫体节。病禽精神委顿。

【诊断】 根据粪中有无绦虫片可作出诊断。

【治疗】

(1)槟榔:成鸭、成鸡每只 1~2 克加水灌服。反应严重时可注射 0.1%的阿托品 0.5~1 毫升。

(2)四氯化碳:成鸡、成鸭 2~3 毫升,2~3 月雏鸡、鸭 0.5~1 毫升,用带胶管注射器注入嗉囊。

(3)六氯酚:成年鸡每千克体重 26~50 克,一次口服。

(4)硫双二氯酚:每千克体重 200~300 毫克,混于饲料中喂给。

(5)灭绦灵:每千克体重 50~75 毫克一次经口灌服。

【预防】 保持鸡舍、鸭舍和用具清洁。成禽与雏禽分开饲养。

定期驱虫。

（三十五）鸡球虫病

【病原】 鸡球虫。寄生在鸡肠壁或肝,随粪便排出卵囊,在外界经一定时间,又被鸡啄食,即可感染发病。

【症状】 雏鸡常见急性型,翼下垂,闭眼,呆立,便秘下痢交替,粪里常混有血液,死亡率达70%。成年鸡多发慢性型,病状不明显,很少死亡。

【剖检】 病变发生于肠道, 十二指肠可见淡灰色坏死灶,盲肠出现出血性肠炎,小肠壁肥厚,有小点出血。肝有时可见米粒大、黄白色结节。

【治疗】

（1）呋喃唑酮（痢特灵）:在日粮中按0.04%比例饲喂,连用5天,间隔2天,再用药5天。

（2）青霉素:投入饮水中让鸡自行饮服,每天1只鸡2000单位,上、下午各投一次,大群用时每100只鸡用40万~80万单位,配制的青霉素水应在1~2小时内饮完。

（3）氯苯胍:每千克饲料加入30毫克,自7日龄开始喂服至56日龄。

【预防】 经常清除粪便,用1%~2%热碱水烫或用火焰消毒鸡舍、用具及地面。育雏应在网上饲养,减少感染及传播的机会。

（三十六）鸭球虫病

【病原】 鸭球虫。其卵囊在24℃~28℃潮湿条件下发育。

【传染】 通过消化道感染。雏鸭吃了被卵囊污染的饲料而感染发病。该病主要发生在春夏两季。多在24~28日龄的雏鸭发病。病程5~6天左右。病鸭食欲降低,精神沉郁,腹泻,排出带血的黏液性或脓性稀粪。发病率一般为 25% 左右,死亡率为 5%~30% 甚至更高。

【剖检】 外观可见眼球下陷,皮肤干燥。剖检小肠黏膜肿胀,肠内容物混有血液并呈黏液性或脓性。

【治疗】

(1)磺胺 6–甲氧嘧啶:按 0.1% 加入饲料或按 0.4% 加入饮水中,连续喂 4~6 天。

(2)球痢灵:每千克饲料中加入 125 毫克,连喂 6~7 天。

(3)氯苯胍:每千克饲料中加入 33 毫克,连喂 6~7 天。

【预防】 经常清除粪便,防止粪便污染饲料及饮水。已发病鸭场要用 1%~2% 氢氧化钠消毒鸭舍、用具和地面。

(三十七)盲肠肝炎(黑头病)

【病原】 火鸡组织滴虫。它是一种很小的原虫,存在于病鸡的盲肠和肝脏组织中,可以随粪便排出体外,污染饲料、饮水、用具和土壤,通过消化道而感染。当病鸡有异刺线虫寄生时,此原虫可侵入鸡异刺线虫体,并转入其卵内随异刺线虫卵排出,当蚯蚓吞食了土壤中的异刺线虫卵时,此原虫便寄生于蚯蚓体内,雏鸡吃了这种蚯蚓即可感染。

【症状】 三四月龄的火鸡最易感,8 周龄到 4 月大的雏鸡较为易感。病鸡精神委顿、食欲减退、羽毛松乱、头下垂、下痢、排出淡黄色或淡绿色的稀粪,有时粪便带血。有的病鸡面部皮肤变成蓝紫色或黑色。

【剖检】 盲肠肿大、肠壁肥厚、坚实,形似香肠,肠腔充积干燥、坚实的内容物,肝脏质脆,表面生成圆形或不规则形、中央稍凹陷、边缘稍隆起的坏死灶,坏死灶呈黄绿色或黄白色。

【治疗】

（1）呋喃唑酮：在粉料里混入 0.04%，连续喂饲 7~10 天。

（2）卡巴砷（对－脲基苯砷酸）：饲料中含 0.015%~0.02%作预防用。

（三十八）鸡卡氏白细胞虫病

鸡卡氏白细胞虫病，又叫鸡出血性病，或鸡白冠病。它是由寄生原虫引起的，以内脏器官组织及肌肉组织广泛性出血为特征的疾病，其流行有明显的季节性。

【病原】 卡氏白细胞虫，是一种寄生原虫。其媒介昆虫是库蠓，俗称鸡糠蚊、小黑蚊或蚊孳仔。卡氏白细胞虫的生活史包括裂殖生殖、配子生殖与孢子生殖三个阶段。第一阶段及第二阶段的大部分在鸡体内完成，第二阶段的一部分及第三阶段在库蠓体内完成。

【传染】 本病只感染鸡。病鸡的末梢血液中有大、小配子体，当库蠓吸取病鸡的血液时，虫体进入库蠓的胃内，以后发育结合成合子，进而形成具有感染力的卵囊，卵囊聚集在库蠓的唾液腺内，当库蠓叮咬健康的鸡时便随库蠓的唾液进入鸡的血液中，使之发生感染。本病的流行与库蠓的活动密切相关，我国南方多发生在 4~10 月份；北方地区多发生在 7~9 月份。

【症状】 不同年龄鸡都可以感染发病，以 3~6 周龄的雏鸡发病死亡最为严重。病鸡表现鸡冠苍白，咯血，呼吸困难，排出水样的白色或绿色稀粪，中等大小的鸡发育受阻，成年鸡产蛋下降或停止。

【剖检】 病鸡可见鲜血，鸡冠发白，全身性出血，肌肉及某些内脏器官有白色小结节，骨髓变黄。

【诊断】 根据发病季节、临床症状及剖检特征可作出初步诊断,如同时从病鸡的血液及脏器涂片以及肌肉小白点的组织压片中找到配子生殖的第一至第五期虫体及繁殖体,即可确诊。

【防治】

(1)防止库蠓进入鸡舍,用马拉硫磷或敌敌畏乳剂等灭库蠓。

(2)在疾病即将流行或正在流行的初期进行药物预防和治疗。

预防性用药可用:①磺胺二甲氯嘧啶 0.0025%,混于饲料或饮水;②磺胺喹沙林 0.005%,混于饲料或饮水;③息疟定 0.0001%,混于饲料;④球定 0.0125%~0.025%,混于饲料;⑤痢特灵 0.01%,混于饲料。治疗此病时可用:①磺胺二甲氯嘧啶 0.05%饮水两天,然后再用 0.03%饮水两天。②磺胺二甲氯嘧啶 0.004%和息疟定 0.0004%混于饲料连服用 1 周后,改用预防剂量。③痢特灵 0.01%~0.015%混于饲料连续服用。用上述药物治疗时为防止药物中毒,可连续服用 5 天,停药 2~3 天,然后再服用。

(三十九)兔球虫病

【病原】　分肝球虫和肠球虫两种,多发生在雨季。卵囊在 20℃潮湿条件下可发育,抵抗力很强,加温至 80℃才死亡。

【症状】　患球虫病的兔消瘦贫血,食欲减退,或腹泻胀肚;肝肿大,黏膜发黄。常呈现神经症状,四肢痉挛或麻痹。幼兔死亡率很高。

【剖检】　小肠壁增厚,黏膜有坚硬结节,内含许多卵囊,有时可见坏死灶。肝表面肿大,有灰白色病灶。胆囊卡他性炎,胆汁浓稠。

【治疗】

(1)磺胺二甲基嘧啶:每只每次 0.2~0.5 克,连服 3 天。

(2)鱼石脂合剂:鱼石脂 2.5 克,重碳酸钠 4 克。茴香油 10 滴,水 2 升。每只每天 100 毫升饮水用。

(3)氯苯胍：每天用 10 毫克混于青饲料中，从梅雨季节开始加药至雨季结束。

【预防】　常将兔笼搬出舍外，用热碱水洗刷或用火焰消毒兔笼。

(四十)兔疥癣病

【病原】　常见的为疥螨和痒螨两种。疥螨虫体小如针尖，微黄白色，圆形。在兔皮肤挖隧道而寄生于深处。痒螨虫体稍大，肉眼可见，长圆形，寄生在兔的外耳道皮肤表面。

【症状】　兔的疥癣病主要发生在兔的头部，特别是鼻、上唇、下颌和眼睛周围，患部充血、肿胀和奇痒，患部伤口流出血样的渗出液，干后形成硬痂，兔常以爪抓挠患部，全身营养不良，瘦弱而死亡。

兔的疥癣病主要侵害耳壳内面，引起外耳道发炎，流出浆液性渗出液，形成硬的干痂。病变部发痒，病兔摇头，还可能延至筛骨及脑部，引起癫痫。

【治疗】

(1)20%雄黄油：雄黄 20 克，豆油 100 毫升。将豆油煮沸后，加雄黄搅拌均匀即得。每隔 1 天涂患部 1 次，连涂 2~3 次。

(2)先用棉花蘸 60%次亚硫酸钠溶液涂擦患部，待药液干燥后用另一棉花蘸 5%盐酸涂擦患部，2~3 天 1 次，病轻者两次可愈。

【预防】

(1)加强饲养管理，保持兔笼清洁。

(2)及时隔离、处理病兔，将兔笼及兔舍进行消毒，各种用具应定期清洗消毒，如用沸水烫、火焰烧燎或石灰涂刷等。

(3)新补充的兔应做仔细检查，无螨病时才允许混群。

第四部分　家畜中毒防治

一、家畜中毒疾病、家畜中毒概述

（一）家畜中毒原因

家畜食入了有毒的物质，即发生中毒，中毒的原因有以下几种。

1. 饲喂霉败的饲料，如发霉的玉米、谷草、稻草，酸败的酒糟等。

2. 误舔农药，误食被农药处理的种子和喷洒过农药的植物茎叶，及误饮化工厂附近被污染的水等。

3. 误食毒草，一般在饥饿后放牧或新换牧区时容易发生。

4. 治疗时用药不当，如大面积涂擦驱虫药，给牛外用升汞软膏等。

5. 饲料处理不当，如甜菜、白菜等中毒。

6. 人为有意投毒和施放毒剂等。

7. 动物的咬伤，如毒蛇咬伤。

（二）家畜中毒诊断

必须根据病史，发生情况，临床症状，病理剖检变化和毒物化验结果等，进行综合分析，尽快作出诊断，以便采取急救措施。

1. 病史调查：应着重了解草料的保管和加工处理情况；附近

是否堆放或使用过农药,化学肥料、有毒药物;及有关化工厂和水源情况等。

2. 发病情况:一般饲后突然群发疾病,以食欲佳良的家畜病状更为重剧。

3. 病状:急性中毒的特征,突然发生,病畜兴奋或抑制,痉挛或麻痹,流涎,腹痛,下痢,血尿,呼吸困难,心跳加快或缓慢,心律不齐,体温一般多为正常。

慢性中毒特征:发展缓慢,逐渐消瘦,贫血,黄疸,轻度腹痛,下痢或便秘。

4. 病理剖检变化:一般多具有明显的消化道变化,如黏膜充血、出血、脱落等。肌肉和实质脏器常见变性。血液凝固不良或不凝固。有些中毒,剖检变化不明显,如生物碱、氢氰酸中毒。

5. 毒物化验:采取中毒动物的肠胃内容物、血、尿、肝、脾、肾等分别包装,随同可疑饲料,送进有关单位化验。对中毒诊断有决定性意义。

(三)家畜中毒的一般治疗方法

急救措施必须设法促进毒物从动物体内排出,或应用适当解毒剂,减少毒物吸收和及早施行全身处置,以提高病畜抗毒能力。交替办法如下:

1. 病因疗法:首先,尽快地促进毒物排出。如用温水,或温水内加适当解毒剂,吸出胃内容物。对已进入肠管的毒物,可内服盐类泻剂,或用温水行深部灌肠。毒物已吸收入血,可适当放血(马骡一次 1000~3000 毫升),或利用利尿剂和发汗剂,促进毒物排出。

为了减少毒物吸收,可随同泻剂内服木炭末 50~100 克,或适量的淀粉浆。

中毒原因比较明了的情况下,可选用相应的解毒剂。常用的解毒方法有中和解毒,如酸类中毒,服用碱性药物;沉淀解毒,如生物碱中毒内服鞣酸,使其生成不溶性鞣酸化合物;氧化解毒,如应用0.1%高锰酸钾液,或异解毒剂解毒,如氢氰酸中毒注射次亚硫酸钠液(硫代硫酸钠),重金属盐中毒,内服蛋清或牛乳等。

2. 全身疗法:为稀释毒物,促进毒物排出,改善病畜营养,增强肝脏解毒机能,可静脉注射大量生理盐水,复方氯化钠液或高渗葡萄糖液等。

3. 对症疗法:心脏衰弱时,适当应用强心剂;兴奋不安及痉挛时,适当应用镇静剂,如溴剂和水合氯等;肺水肿时,可静脉注射钙剂等。

在急救时,力求查明中毒发生后的时间,根据病情制定措施,如中毒发生后时间较长,估计毒物已吸收入血,则放血是重要的,而洗胃,缓泻作用已不大;反之,如中毒发生后不久,则洗胃、缓泻可能立竿见影,而大量放血对病畜不利。所以,对中毒的治疗措施要灵活应用,因时制宜,具体问题具体对待。

(四)预防

1. 进行草原有毒植物的分布情况调查,不在有毒草地区放牧;清除草原毒草。

2. 禁止动物在施用农药地区散放,对化学肥料要严格管理,不许乱放。提高警惕,严防人为投毒。

3. 精选饲料,潮湿及霉败的饲料要废弃。禁喂仟何有植物病的饲料。

4. 外用药物在动物容易舔到的部位时,用后戴口网,特别是

对肉食兽,更应注意。

5. 做好饲料的加工调制工作。

二、家畜常见中毒种类

（一）有毒植物中毒、毒芹中毒

【病因】 夏季放牧季节,由于家畜经常到池塘饮水而误食毒芹引起中毒。

【剖检】 胃肠黏膜高度充血与出血。脑膜充血。心肌、心内膜、皮下结缔组织、肾实质以及膀胱黏膜多有普遍出血。

【症状】 家畜中毒时,表现兴奋不安、流涎、食欲废绝、瘤胃鼓气、反刍停止,并发生嗳气、呕吐、下痢、疝痛等症状。同时有头部至全身发生阵发性与强直性痉挛。在痉挛发作期间,动物倒地,头向后仰,瞳孔散大,心动增强,脉搏快速,呼吸促迫而困难。中毒后期体温下降 1℃~2℃,最后多因呼吸中枢麻痹而死亡。

【诊断】 毒芹中毒的诊断除根据病理剖检和临床症状外还可用胃肠内容物进行化验。其方法为取胃肠内容物 20~30 克加 10%碳酸钠溶液 50 毫升,再加戊酸 30~40 毫升,搅拌后过滤,滤液呈黄色。将滤液蒸发后为黄色沉渣,再加少量硫酸即呈紫红色。

【治疗】 中毒的急救,关键在于排出进入机体的毒芹,故应洗胃、催泻与应用吸附剂。为了沉淀毒芹毒,可用单宁酸或碘制剂,大家畜可用胃导管,水中添加木炭末(每 1000 毫升水加 50~100 克炭末,制成吸附混悬液),此外,也可应用 0.5%~1%的单宁酸溶液洗胃(大动物 1.5~2 升,中动物 0.5~1 升),在中毒的 2~3 小时内每隔 30 分钟洗胃 1 次。洗胃后可内服鲁格氏液（复方碘溶液）,隔 2~3 小时重复 1 次。

为了减轻痉挛与兴奋不安,可应用水合氯醛灌汤或内服溴剂。为了清理胃肠与保护黏膜,可内服米汤,同时应用油类泻剂。

当全身衰弱和维持心脏机能,可皮下注射咖啡因。

【预防】　早春时不能在生长毒芹的低洼地区放牧,为防止中毒的唯一有效办法。

(二)乌头中毒

乌头中毒时,可引起全身肌肉间出血,消化道的出血性炎症,肝脏及肾脏的实质性炎症,肺充血,心内膜出血,心肌的实质性炎症以及脑出血等病变。

【病因】　马多呈急性,经过虚嚼、流涎、肠蠕动亢进、疝痛、下痢、黏膜郁血,往往呈黄疸色泽。其后呼吸及脉搏变化为徐缓,血压下降,体温降低,进行性衰弱、瞳孔散大。此外,常伴发全身性痉挛,直觉敏感,后肢肌肉强直,步样蹒跚,终至呼吸与知觉麻痹而死亡。

牛比马的抵抗力强,但在发生中毒以后,体温下降,泌乳减少,瞳孔散大。往往发生便秘或下痢,有时发生肠鼓胀,呈现疝痛,腹部知觉锐敏。有时流涎、呕吐、下痢,全身震颤和运动障碍等。通常在 24 小时内死亡。

山羊,发病后叫鸣、虚嚼、流涎、呕吐、鼓胀、疝痛。有时眩晕,不能起立。凝目虚视,瞳孔散大,发生痉挛,多因麻痹而死亡。

【乌头中毒检查法】　检料在低温下从碱性水溶液中用乙醚提取后,将处理后的检料注射蛙体内,呈现特殊的与士的宁中毒不同的痉挛症状,后腿向上弯曲,下牙床下垂、呕吐,甚至因痉挛而将身体掷入空中。量稍大者不见任何症状而立刻死亡。

【治疗】　在治疗方面,通常于病的初期,可先洗胃,并于洗胃后,内服鞣酸,同时应用东莨菪碱皮下注射。必要时可用硫酸阿托

品皮下注射,以缓和迷走神经兴奋,增强心脏机能。但当中毒时间持续长时,迷走神经末梢麻痹,则不宜应用阿托品,可代以士的宁皮下注射,同时可用苯甲酸钠咖啡因皮下注射,或用山埂菜碱等强心剂,必要时,静脉放血;并可大量注射生理盐水或林格尔氏液,以增进血压,促进血液循环。

此外,应注意饲养和护理,应用黏浆剂与镇静剂,至病况好转后,再给予柔软容易消化的饲料。

(三)饲料中毒、氢氰酸中毒

【病因】 家畜采食含氢氰苷的青饲料,如发芽马铃薯、高粱和玉米幼苗,亚麻叶及亚麻饼等,就在体内迅速生成有剧毒的氢氰酸而发生中毒。

【症状】 采食后突然发病,呼吸困难,喘气、张嘴、伸颈,出气有特殊气味。结膜发紫,体温下降。昏迷,卧地不起,头颈向一侧腹下弯曲,肌肉痉挛,最后窒息而死。死后血液鲜红,凝固不良,尸体久置不易腐败。器官、支气管黏膜有出血点;口腔有带血的泡沫。

【氢氰酸的检验方法】 取饲料或胃内容物50克加倍量蒸馏水,充分搅拌混合后,加入少量10%酒石酸液使呈酸性,然后倒入三角瓶中,在瓶口上放入新制的干燥苦味酸碳酸钠试纸(由苦味酸1克,碳酸钠10克,蒸馏水89毫升制成。临用时震荡溶液后将滤纸条浸湿干燥即成),用棉花团塞住瓶口然后放在水浴锅上加温(80℃)30分钟,如果试纸的黄色变为红色,即为含有氢氰酸的证明。

【治疗】 治疗的主要方法是采取能使血液中的血红蛋白转变为高铁血红蛋白的药物,如硫代硫酸钠、亚硝酸钠等。

(1)以5%~10%硫代硫酸钠,每千克体重给1~2毫升,一次静脉注射。

(2)以0.5%~1%亚硝酸钠,每千克体重给1毫升,一次静脉注射。但用后还必须静脉注射硫代硫酸钠或葡萄糖溶液。

【预防】

(1)煮菜:由于氢氰酸容易在酸性液中挥发,所以在煮饲料时加入少量食醋,煮后打开锅盖,可以预防中毒。

(2)少喂勤喂:一般是每日喂饲3~4次,一次勿给过多,减少过多的毒物进入体内,避免中毒。

(3)现煮现喂:由于氢氰酸的产生大都是由糖苷类在适宜的温度(40℃~60℃)下分解而来,如果煮熟后,候温立即喂饲就可防止大量氢氰酸的产生。

(四)亚硝酸盐中毒

【病因】　猪食入大量调制不当的甜菜、白菜,易引起中毒。

【剖检】　黏膜苍白,血液呈酱油样凝固不良。肺充血或出血,有时肺气肿,呈灰黑色或苍白。心外膜有点状出血。胃和小肠充血,黏膜容易脱落。

【症状】　采食后十几分钟突然大群发病,有的不显任何症状而迅速倒地死亡。

病猪一般表现全身无力,有的后躯麻痹不能站立,体温多低于常温,四肢、耳根发冷。呼吸困难。口吐白沫,有时作呕吐、腹痛和下痢。很快倒地、挣扎、窒息而死亡。

【亚硝酸盐检验方法】

(1)取待检饲料汁,滴到小片上,加10%联苯胺1~2滴,再加10%醋酸1~2滴,如含有亚硝酸盐,滤纸立即变成棕色;否则,颜色不变。

（2）将待检饲料放在玻璃管里，加10%高锰酸钾溶液1~2滴，均匀后，再用10%硫酸1~2滴，充分摇动，如含有亚硝酸盐，高锰酸钾褪色为无色，否则不褪色。

【治疗和预防】

（1）剪尾、耳放血。

（2）以1%美蓝水溶液，每10千克体重1~2毫升，静脉注射。

（3）1:5000高锰酸钾液，洗胃。

用白菜和甜菜做猪饲料时，在煮沸当中不宜过分搅拌，煮后迅速冷却喂猪，不能长时间放置，或留在锅内过夜。

（五）马铃薯中毒

【病因】 马铃薯内含有一种马铃薯素的毒素，可引起中毒。本病主要发生于猪，而马及山羊则很少发生。

【剖检】 死亡于中毒动物尸体各天然孔黏膜呈现贫血，腹腔各脏器及网膜上见有出血点，肠管具有出血性炎症，肝脏肿胀、质脆，含有多量的血液，肾脏表面及肾盂有出血斑，心内、外膜有散在出血点，心腔内充满凝固不全的赤褐色血液。

【病状】 在轻度的中毒时，多以胃肠为特征，重剧的中毒，主要呈现神经症状。

轻度中毒时，病程发展缓慢，病畜的神经症状较轻，主要呈现肠胃卡他或胃肠炎症状。通常病畜食欲减退或废绝，体温有时升高，病畜多垂头站立，漠视周围事物，或藏于褥草中。一般多发生流涎、呕吐、便秘、鼓胀，并呈现疝痛症状。

发生肠炎时，多为炎症下痢。怀孕母畜中毒时，易发生流产，此外，病畜精神沉郁，嗜眠或发生虚脱。肌肉弛缓，甚至发生麻痹，皮纹不均，排尿困难。

重剧的中毒,病畜初期兴奋不安,并发生呕吐及疝痛症状,继而迅速地陷于精神沉郁。

当病畜兴奋不安时,举动狂躁,向前狂撞,不顾障碍物。经过短时间兴奋后,即陷于沉郁。后躯软弱,四肢麻痹,运动障碍,共济失调,步态蹒跚。同时呼吸变为微弱,气喘,可视黏膜发绀,心脏衰弱,瞳孔散大痉挛。一般于2~3日内死亡。

牛常常于口的周围、肛门、阴道、乳房、尾根及四肢的内侧部有发疹。公畜有时呈现包皮炎。绵羊发生慢性中毒时,往往呈现贫血及尿毒症的症状。牛有时发生类似口蹄疫样皮炎,并具有口炎、胃肠炎、结膜炎、水肿肢端皮肤炎坏死。马因皮肤抵抗力降低,容易发生擦伤、化脓、湿疹等症状。

【治疗】　应首先注意饲养和护理,进行洗胃,采取饥饿疗法,同时给予蓖麻油或其他植物油,以促进胃肠内容物排出,减少有毒物质吸收。

伴发肠炎症状时,宜用1%鞣酸溶液内服,牛及马剂量500~2000毫升;羊100~400毫升;猪100~200毫升。为了促进血液循环,增强心脏机能,可用咖啡因等强心剂皮下注射,或酒精内服。对皮肤炎,可按湿疹疗法治疗。

【预防】　对本病的预防,首先注意饲料和饲养。凡发芽、未成熟及霉败的马铃薯应废弃,不作饲料。马铃薯的茎叶,亦应晒干,或用马铃薯饲喂,必须经过适当的调制或煮熟再喂,开始应注意饲量,不宜多喂,妊娠的母畜,不宜饲喂马铃薯,以防止发生流产。

(六)棉叶、棉籽饼中毒

【病因】　棉叶和棉籽饼内含棉籽毒。长期连续对猪、牛等喂给过量棉子饼就会中毒。毒素能渗入母畜乳汁中,也可引起吮乳

仔畜发病。

【病状】 棉叶中毒时,精神沉郁,体温升高,喜卧于阴凉处;后肢软弱,被毛逆立,有时头背脱毛。结膜充血有眼眦。呼吸急促,食欲废绝。

棉籽饼中毒时,多在饲喂后第二天发病。采食量少时,则在第10~30天发病。病畜多表现精神沉郁,低头,拱腰,粪便干黑。幼畜易发生,哺乳犊牛最敏感,少量即可致死。

重症时,兴奋不安,战栗,下痢带血,排尿困难或尿血。食欲废绝,2~3日内死亡。

牛眼出现白翳而失明,猪皮肤出现疹块。

剖检可见肝肿大,肺水肿,胃肠黏膜出血。

【治疗】

(1)停止饲喂棉籽饼或棉籽叶,并禁食1天。

(2)以0.2%高锰酸钾溶液或3%碳酸氢钠洗胃和灌肠。

(3)内服泻剂:硫酸钠,排出毒物,马、牛1次400克,猪50~80克,加大量水内服。

(4)静脉注射葡萄糖注射液,肌肉内注射安钠咖。

【预防】

(1)用棉叶喂猪时,应将其晒干、压碎、充分发酵或在喂前10小时浸泡于5%石灰水中软化后用清水洗净。饲喂量,成年猪每天不超过2.5千克,仔猪不超过500克,并加喂适量食盐。连喂几周后,停一个时期再喂,最好大量搭配其他饲料,以防发生中毒。

(2)以棉籽饼作饲料,应压碎并煮沸2小时以上再喂。喂量不得超过饲料总量的20%。连喂几周停1周再喂,分娩前后母畜停喂。

（七）蓖麻子中毒

【病因】　蓖麻的种子、茎、叶内都含有毒质，而以种子中最多。蓖麻的毒素有两种：毒蛋白蓖麻素与生物碱蓖麻或称蓖麻碱。

【剖检】　死亡于蓖麻子中毒的动物尸体，在胃肠内有出血性与纤维性炎症，肠系膜与大网膜出血。血液形成凝块。肺有散在性的坏死性病灶。中枢神经系统出血，神经细胞胶样变性。

【症状】　中毒初期食欲减退或废绝，不久发生呕吐、下痢（内含血液）疝痛，全身衰弱，最后意识障碍，表现昏睡、虚脱。尿闭，并发痉挛。

马发生中毒时，口唇痉挛，头颈伸张，口腔、眼及鼻黏膜潮红。体温升高，有时发生咳嗽与呼吸困难，常有黄疸症状。

病马多有神经症状，呈现狂躁状态，全身或四肢肌肉痉挛。病至末期精神极度衰竭，运动紊乱，终至陷于昏睡与虚脱状态。

牛的中毒表现为食欲与反刍减退或消失。肠蠕动音亢进，并发生下痢，粪便混有血液或黏膜，恶臭。妊娠母牛常发生流产。乳牛的产奶量急剧下降，而乳内也含有毒素，病牛一般多有显著的呼吸困难、脉搏疾速。

猪发生中毒时常突然嘶叫，口流白沫，狂躁不安，瞳孔散大，呼吸困难。肠音亢进，粪便有恶臭，内含黏液与血液。病重者，常突然倒地，四肢肌肉震颤，迅速死亡。病轻者约经数小时逐渐恢复。

羊发生中毒时，食欲废绝，嗳气、反刍突然停止，腹部鼓胀。耳尖、鼻端与四肢下端发冷。体温下降，呼吸、脉搏初加速，以后减少，终于昏迷而死亡。

【治疗】　蓖麻子中毒时，首先宜用缓泻剂。马、牛大家畜可用液体石蜡 1000 毫升，或硫酸钠、硫酸镁等中性盐类。同时可用

3%~5%碳酸钠溶液灌肠，以及用消炎收敛剂洗涤口腔，10%高渗盐水溶液与咖啡因混合静脉注射。病严重而心跳不显衰竭时，可静脉放血（大动物 1000~2000 毫升，羊 100~200 毫升），再用生理盐水或林格氏液静脉注射。

当病畜极度衰弱时，宜用 30%~40%葡萄糖溶液 400~600 毫升（大动物）同时用咖啡因强心，每天 3~4 次。

猪与羊中毒时，除强心与应用泻剂外，可内服白酒与胃肠消毒剂（鱼石脂、福尔马林等）。

【预防】 以蓖麻子饼作饲料时，应检查其中蓖麻毒素含量，如蓖麻毒素含量过大时，禁止利用作饲料。为了除去蓖麻子饼中的毒素，可在 100℃温度下煮沸 2 小时。夏季放牧时防止误食蓖麻叶茎及其籽实。

【蓖麻中毒检查法】 取死于中毒动物的胃内容物 10~20 克（或 10~20 毫升），加倍量蒸馏水，浸泡后滤过。取滤液 5 毫升，加 5 毫升磷钼酸液，在水浴上煮沸，呈绿者胃蓖麻毒素阳性反应。冷后加氯化铵液，则液体由绿转变为蓝，再在水浴上加热，变为无色。

（八）牛甘薯黑斑病中毒（牛喘病）

【病因】 甘薯黑斑病为有毒真菌寄生引起。病薯变干硬，局部有黑色或褐色斑点，味苦。牛、羊、猪食用了都可能发生中毒。

【症状】 精神不振，反刍停止。呼吸促迫，1 分钟可达 80~100 次，伸颈剧烈喘息。后期呼吸极度困难，呼吸音如拉风箱音。结膜暗红色，体温一般不高，肌肉颤抖，多数病牛粪便干燥，并带血最后痉挛死亡。

肺叩诊呈鼓音，听诊有啰音，背部皮下气肿，按压时有捻发音。死后剖检，可见肺脏充气膨胀，表面出血，间质增宽，形成气泡羊囊腔,是其特征。瘤胃膨大,瓣胃干涸,十二指肠呈弥漫性出血,胆囊肿大 2~5 倍,胆汁稀薄。

【治疗】

(1)停喂病薯。用 0.1%高锰酸钾洗胃。

(2)静脉放血 1000~2000 毫升后,注入生理盐水 1000 毫升及 25%葡萄糖 500~1000 毫升,20%安钠咖 10 毫升。肌肉或静脉注射抗坏血酸 5~10 毫升以及青霉素 200 万~300 万单位。

(3)内服泄泻:硫酸钠 500 克,加水 3000~4000 毫升。

(4)中药:白矾、贝母、白芷、郁金、黄芩、大黄、葶苈、甘草、石苇、黄连、龙胆各 30 克,蜂蜜 120 克为引,煎水调蜜内服。体型大者可适当增加。

(九)黄曲霉毒素中毒

【病因】　黄曲霉毒素是黄曲霉群真菌的代谢产物,对大多数动物都有强烈的毒性作用,可造成畜禽大批死亡及强烈的致癌作用,是一种最强烈的化学致癌物。动物由于摄食了黄曲霉毒素污染的饲料而引起的中毒称为黄曲霉毒素中毒症,是畜禽常见的一种霉饲料中毒症。在有氧的条件下,花生、玉米是黄曲霉最好的繁殖场所。在 25℃~30℃,含氧 5%,湿度 85%,含水 17%的粮食中最适宜产生本毒素。

【症状】　鸭最先发病,而后为猪、狗、鸡、牛。水貂对黄曲霉毒素敏感,可造成大批死亡。

各种动物的发病症状是不同的。现介绍猪、鸭、鸡和犊牛的中毒症状。

猪:喂霉玉米 3~5 天后很快减食至不食,口渴明显,精神萎靡,呆立不动,拱背,消瘦,有时见黄疸。粪便先干后拉稀,有时混

血液或呈黑色,尿液查黄色,体温不高。

家禽:鸭最易感,鸡发生较少,共同的特征是幼鸭、幼鸡多于2~6周龄时发生急性中毒,不食,生长不良,体弱贫血,鸡冠苍白,拉白色稀粪。鸭常见脱毛,鸣叫,长跛行或倒地。腿由于皮下出血而变成紫红色,濒死时角弓反张,严重时100%死亡。

成年禽对毒素耐受性较强,仅见减食、消瘦、贫血等。

犊牛:连续食入含有毒素的饲料后,约在1个月内发病,增重减退。10~12周后出现鼻镜干燥、被毛粗乱、腹痛、失明、下痢,最后昏厥死亡。

【病理解剖】

猪:呈现出血性综合征,特征是急性肝损害和黄疸,血液稀薄、凝固不良,并见耳部、腹部及四肢的出血,紫斑及下肌间组织的湿润、黄染等。全身淋巴结水肿、黄染。肝脏或正常,色苍白或淡黄,质脆偶见出血点。胆囊瘪缩,囊壁增厚。胰腺水肿。肾苍白或黄染,时有见少数出血点。膀胱充血,黏膜见针尖状出血点。胃底出血或溃疡,结肠有凝血块,粪便为煤焦油状。心包腔积有淡黄色液体,心内外膜有时见有出血斑或条纹。脑充血水肿。

鸭:主要特征是发生中毒性肝炎。肝肿,灰黄色、黄色或棕黄,表面粗糙,稍硬有细颗粒状感觉。肝表面及切面有数量不等的针头大的灰白色小点。肾稍肿,色苍白,胰腺有出血点。胸部、皮下、心外膜见有出血点。鸡的病理变化与上述基本相同,只是较轻。

犊牛:肝苍白,质硬,有散在出血斑点。胆囊扩张,含黏稠深色的胆汁。肠系膜、真胃膜及直肠黏膜常见水肿。

猪和鸭因摄食黄曲霉素毒素而发生肝癌,是最应注意的病理剖检变化。肝癌的表现为大小不等的灰白色结节,严重时布满整个肝脏。

【预防】　主要是防霉和去毒两方面。防霉最为重要,谷物在收获、堆放、脱粒、暴晒等环节中注意防霉,关键是连续操作迅速干燥,使水分降到12.5%以下。

发霉玉米去毒较难,此毒素能耐200℃温度。可试用水洗法,因黄曲霉主要浸染玉米胚芽,可把玉米磨碎后在清水中浸泡冲洗3~4次,将浮在上面胚部连同茶黄色污水倒掉。也可用碱处理法,即用0.5%氢氧化钠浸泡含毒玉米后再经水洗可将毒素除去。

(十)食盐中毒

【病因】　大量而长期内服食盐时,就能发生致死性的中毒。畜禽中以仔猪和成年反刍兽敏感,鸡特别是雏鸡对食盐尤为敏感。

【症状】　大量的食盐能刺激消化道黏膜,引起出血性炎症。吸收以后,由于钠离子的作用使中枢神经发生兴奋与麻痹。

中毒时主要表现极度口渴,食欲减退,呕吐,口唇肿胀,黏膜潮红,疝痛。便秘或下痢,有时多尿。神经系统表现癫痫样发作,或旋回运动,有时以头抵住墙角不动,进而发生间歇性的强直性痉挛。流涎,面肌痉挛、咬牙、失神、跌倒。同时表现呼吸困难,咽、喉与舌麻痹。癫痫样的发作次数最初不多,以后逐渐增多,发作时间也逐渐延长。严重者每5~10分钟发作1次,甚至连续发作。眼结膜充血,阴唇肿胀,步态不稳,心脏衰弱,最后麻痹不能起立,呈昏睡状,体温一般正常。

急性中毒于1~6天内死亡,慢性中毒则有贫血和逐渐衰竭的症状。

鸡中毒时也有剧烈口渴、下痢、衰弱与痉挛。严重者大多死亡。

【治疗】 一般性对症治疗。

牛:10%氯化钙溶液200毫升,静脉注射。

猪:5%氯化钙(每千克体重0.2克)溶于1%明胶溶液中皮下注射。

(十一)药物中毒

【病因】 砷中毒

家畜误食了砷的化合物中如白砒、亚砷酸钠、亚砷酸铝、砷酸钾等,而引起中毒。

【剖检】 砷中毒的病理剖检变化,主要是食管、气管周围结缔组织水肿,黏膜充血呈现青灰色。心冠脂肪水肿,心内、外膜出血,肺脏有时发生轻度水肿和气肿。腹腔脏器、网膜具有多量纤维蛋白性渗出物。胃黏膜充血、出血及溃疡,十二指肠黏膜呈青灰色,并有点状出血和溃疡;小肠及大肠充血及点状出血,盲肠部位最为明显。脾外膜有鲜红色不规则的出血点。肝脏稍肿胀,脂肪变性,肾包膜不易剥离,表面粗糙,切面见肾脂肪囊水肿。膀胱壁肥厚,黏膜下出血。胆汁浓稠呈现黑色。全身淋巴结肿胀呈灰黑色。脑外膜充血。

【症状】 中毒初期发生下痢和食欲减退,其后发生剧烈下痢,有时粪便混有血液。可视黏膜充血,齿根呈暗黑色。瞳孔散大,精神沉郁,四肢无力。初期体温上升而后下降,心悸亢进,呼吸困难而促迫。

幼畜发生下痢,后躯无力,常躺卧呻吟,呼吸促迫,瞳孔散大,体温初期上升而后下降,脉搏每分钟达100次以上。

【治疗】 急性砷中毒,可用硫酸低铁10克,蒸馏水250毫升混合为甲液;再用氧化镁15克,蒸馏水250毫升谨慎搅匀为乙液,然后将甲、乙两液混合,成乳剂状。两液混合应于临用时配制。

牛、马用 250~1000 毫升内服, 每隔 4 小时给予一次或用 5%~10%硫代硫酸钠溶液,牛及马用 100~400 毫升静脉注射,每隔 3~4 小时注射一次。或肌肉注射 10%二巯基丙醇液,马一次 20 毫升,并根据情况可重复应用。同时尚可用蛋白及其他黏浆剂洗肠或内服。

当病畜发生脱水时, 可用 25%~50%葡萄糖溶液及大量生理盐水静脉注射,为了防止心脏机能衰弱及血管麻痹可用 0.1%肾上腺素溶液 10 毫升或 0.3%麻黄素溶液 10 毫升,皮下注射,此外,尚可应用咖啡因等强心剂。

若病畜发生麻痹,宜用维生素 B_1 及士的宁肌肉注射。下痢剧烈并具有疝痛症状时,可用硝酸铋,氢氧化铝或鸦片末内服,或用吗啡皮下注射。

【预防】 经常注意病畜饲养管理,禁止在刚喷洒过砷制剂的草地、园林或作物地及其附近放牧。注意饲料的选择与调制,喷洒过农药的蔬菜在一定时间内不能饲喂家畜。此外应提高警惕,防止人为投毒。

【砷中毒检查法】 取检液约 50 毫升（固体检料加水制成稀粥状）,再加酸性氯化亚锡溶液（氯化亚锡 2 克,加 125 毫升盐酸）1 毫升；搅拌后再加无砷盐酸 10 毫升,震荡混合后,放入铜片（用硝酸洗净擦亮）1~2 枚,在水浴上加热 20~30 分钟,铜片变成灰色或黑色者为砷的阳性反应。

(十二)汞中毒

【病因】 误食毒饲及长时间应用汞剂治疗而引起中毒。

【病状】 重剧的,溃烂性口炎及胃肠炎,病畜流涎、下痢疝

痛。呕吐物和粪便中混有血液及黏液。牙齿松脱,腭骨坏疽,唾液腺肿胀。血行障碍,心脏麻痹而陷于虚脱,乃至死亡。病往往并发急性肾炎,尿血,呈现无尿或少尿。鼻腔、肺和子宫有出血性炎症。体温初升高,而后下降。

慢性中毒时,神经症状明显。初为兴奋及痉挛,以后呈现麻痹、衰竭及昏迷。同时动物瘦弱,咳嗽,支气管炎,流鼻液,呼吸困难,有时皮肤发疹,重者形成脓疱及皮肤变厚,并有其他急性中毒症状,但较缓和。尿中可检出汞,甘汞中毒时,大便呈青色。

急性中毒(如升汞中毒)数小时内可以致死,也有经 10~14 日的。慢性中毒可延及数日乃至数周。

【剖检】 病变消化道有出血性坏死,肝肿大,肾出血。心肌脂肪变性及出血,脑贫血,蛛网膜下出血,呼吸道炎(浮膜性炎),肺充血、出血,皮下组织浆液浸润,肌肉苍白呈煮肉样。血液凝固缓慢。

【诊断】

(1)生活情况及病史调查。

(2)临床症状及剖检变化。

(3)毒物学检查:来茵希氏法。操作方法:同砷检查法,如有汞存在,则铜片上出现有银白色的光亮的水银(银镀)。

(4)鉴别诊断:应与犬黑舌病、肉中毒、猪瘟、犬瘟热及马口炎,做鉴别诊断。

【治疗】 洗胃及按中毒总论中所述急救疗法外,尽快地应用解毒剂。口服升华硫黄,大动物用 20~50 克,中动物用 0.5~1 克。也可用硫化砷(大动物 5~15 克,中动物 0.5~2 克,小动物 0.05~0.5克)及次亚硫酸钠(20%溶液静脉注射,大动物 100~200 毫升,中动物 30~50 毫升,小动物 5~10 毫升;口服量:大动物 60 克,加水

300 毫升),禁用盐及芦荟。亦可注射葡萄糖液及其他强心剂。

内服牛奶和鸡蛋对金属中毒有明显的治疗效果。此外可用淀粉浆、阿拉伯胶、木炭末及氢氧化铝等治疗,以及其他对症治疗。

【预防】　内用重金属盐的剂量要慎重。饲舍内用升汞消毒后应再以 0.5%硫酸钾冲洗,对牛、羊舍消毒更应注意。

(十三)铜中毒

【病因】　家畜常因硫酸铜、氧化铜、醋酸铜等铜化物用量过大,或误食散布含铜农药的作物及误饮铜矿附近的流水等,引起中毒。

【症状】　病畜食欲减退,呕吐,下痢,疝痛。粪便呈红褐色。口腔黏膜溃烂,呈绿色。初发痉挛,继而麻痹,知觉消失,不能行走。心脏衰弱,呼吸困难,终至虚脱死亡。

【剖检】　胃肠黏膜有绿色或白色的腐蚀面,向盖面滴入氨水,则现深青色。粪尿的铜反应阳性。

【治疗】　铜中毒的解毒剂与砷、汞中毒相同。可立刻内服铁剂或煅制镁、硫黄、黄血盐等。鸡蛋、牛奶、淀粉浆和骨粉等也有解毒作用。对下痢,疝痛等其他症状,可对症治疗。

(十四)有机磷中毒(敌百虫等农药中毒)

因误食或接触喷洒过农药(乐果、敌百虫、敌敌畏、马拉松等)的青草、蔬菜和其他农作物,而引起中毒。

【症状】　轻度中毒者,恶心、呕吐、全身无力。严重者大出汗、吐白沫、骚扰不安。皮肤苍白,呼吸困难,呼吸道分泌物增多,甚至肺水肿,瞳孔缩小,视觉模糊,全身抽搐,神志昏迷,最后死亡。

【中毒的急救法】

中毒后,如能及时地采取急救措施,可能治愈。如畜体表沾染,

应用肥皂水洗涤;如系经口误食,可以催吐,并以食盐水洗胃。使之保持安静。

急救的特效药是阿托品、解磷定。1%硫酸阿托品注射液,皮下注射,马、牛20~30毫升;羊0.4~0.8毫升;猪0.2~0.4毫升。解磷定,肌肉或静脉注射,每千克体重0.015~0.03克。以上药品合用效果更好。此外,要对症治疗。

(十五)磷化锌中毒

【病因】 磷化锌是一种黑色有光泽而沉重的粉末,带有强烈的蒜味,磷化锌主要用来配成毒饵毒杀老鼠类,它对啮齿动物的毒力很大,对灰鼠的致死量为3~5毫克,对其他温血动物和人的毒性也很大,其毒性是由于它在动物胃内与酸性物质作用,释放出磷化氢气体所致。

【症状】 磷化锌中毒由经口而引起,急性中毒约两小时后,即使口腔黏膜和咽喉糜烂,口干舌燥、有烧灼感,并发生恶心、呕吐,随即昏倒,血压降低,心跳减慢,全身痉挛,不久麻痹或瘫痪,最后窒息死亡,慢性中毒症状为全身虚弱、寒战、呼吸困难及眩晕等。

【剖检】 在胃内容物中可闻到磷化锌特殊蒜臭,并可见到肝脏的严重病变。

【中毒的急救法】 对磷化锌中毒的急救有以下几种方法。

(1)洗胃:用0.1%高锰酸钾溶液或0.5%硫酸铜溶液洗胃,效果良好。

(2)用催吐剂使发呕吐,如阿朴吗啡、吐根等。

(3)内服硫酸钠等缓泻剂,但禁用蓖麻油等油类泻剂。

【预防】 唯一有效方法是安全放置毒药饵及注意家畜的平时管理。

（十六）安妥中毒

【病因】　安妥，化学名称萘硫脲，又叫硫脲素。是略带青色的灰色细粉末，味苦，难溶于水。杀鼠毒药，对兔和鸡无毒，猫、狗及其他家畜常因误食毒饵发生中毒。

【症状】　主要症状有体温下降、呼吸困难，其次是肺水肿及胸膜炎，有时由于兴奋骚扰而发出奇异的叫声，易误为狂犬病。

【剖检】　肺病变明显，呈暗红色，显著水肿，有大小不同的出血斑，在胸腔内潴留水样透明液体。肝暗红色，稍肿大。脾呈暗红色，有溢血斑。心脏的冠状血管扩张，心包轻度水肿和多数出血斑点。肾表面有溢血斑，胃内可发现有萘硫脲毒饵。

【治疗】　先给催吐剂以排出毒物，然后内服解毒药 0.1%~0.5%高锰酸钾液（每 4 小时服 20 毫升），或用此液洗胃。对症疗法，用利尿剂，强心剂（咖啡因或樟脑等）或抗生素疗法。

【安妥中毒的检查法】　取经冰醋酸溶解后的检液 2~3 毫升，再加浓硝酸并加热，呈樱桃红色者为安妥的阳性反应。

（十七）鸡磺胺药物中毒

【病因】　对鸡群投予磺胺药物量过大、搅拌不匀或用药时间过长等，容易引起中毒。

【症状】　病鸡精神沉郁，鸡冠苍白，渴欲增加，羽毛蓬乱，排黄色稀粪，有的病鸡头部和面部呈局灶性肿胀，皮肤蓝紫色。

【剖检】　血液稀薄，呈樱桃红色，凝固不全。全身皮下、肌肉和内脏器官表现不同程度的出血。胸肌弥漫性或刷状出血。肝表面有出血点和坏死灶。肾肿大，呈土黄色。输尿管明显增粗，充满白色尿酸盐。

【预防】　对鸡群投予磺胺药物时要按规定剂量和流程给药，

混入饲料时搅拌要均匀。

(十八)动物中毒、蛇毒中毒

家畜由于毒蛇咬伤,蛇毒通过伤口进入体内而引起中毒。

【症状】 咬伤的局部迅速肿胀、发红,并极度水肿,很快蔓延全肢,甚至背腰部。呼吸促迫,脉搏频数,动物呻吟,全身战栗或痉挛。后期出现呼吸困难,脉搏不正,四肢麻痹不能起立。终因呼吸和心脏血管中枢神经麻痹而死亡。

【剖检】 尸僵缓慢。肺充血和水肿。心肌松弛,如煮肉样。脾脏肿大,有小点状出血。

【治疗】 为防止毒物的吸收,破坏毒素和使毒物化为无毒,可采用下述疗法。

(1)尽快在咬伤的局部进行绑扎。

(2)对咬伤的部位进行烧烙。

(3)在伤口和周围组织,点状注射氧化剂,如 0.1%高锰酸钾、2%漂白粉、碘酊、双氧水等 1~2 毫升。

(4)皮下注射樟脑等强心剂。

(5)主要用独角莲根,加醋、酒磨烂,涂于咬伤的局部四周,每日上、下午各涂一次,经 1~2 日即可治愈。

有窒息危险时,及时行气管切开术。

第五部分　家畜常用中草药及配方

一、家畜的常用健脾与理气中草药

1. 健脾药

陈皮,辛苦温。功用:健脾燥湿,理气化痰。主治:脾虚、胃弱,冷痛,咳嗽。用量:18~50克。

青皮,辛苦温。功用:健脾理气,散结止痛。主治:脾虚胃弱,肚腹胀痛,伤料。用量:15~40克。

砂仁,辛温。功用:温脾和胃,消食,顺气安胎。主治:脾虚胃寒,翻胃吐草,胎动不安。用量:15~40克。

白豆蔻,辛温。功用:健脾暖胃,消积化食,行气宽中。主治:脾虚胃弱,翻胃吐草,肚腹胀痛。用量:15~40克。

益智仁,辛温。功用:健脾暖胃,安神定志,暖肾缩尿。主治:脾虚胃弱,翻胃叶草,惊悸,频尿。用量:15~50克。

苍术,辛苦温。功用:健脾燥湿,散寒通痹。主治:脾虚胃寒,冷肠泄泻,风寒湿痹。用量:15~50克。

厚朴,辛苦温。功用:温中燥湿,宽中下气,破积散结。主治:脾虚胃寒,伤料,肚腹胀痛。用量:18~50克。

麦芽,甘平。功用:健胃消食,杀虫,回乳,催生。主治:宿草不

消,脾虚胃弱,胎衣不下,虫积。用量:15~35 克。

神曲,辛甘温。功用:消积化食,健脾开胃。主治:宿草不消,脾虚胃弱,肚胀。用量:25~50 克。

山楂,酸甘微温。功用:消积化食,健脾开胃。活血散瘀。主治:宿草不消,脾虚胃弱,产后恶露不尽。用量:30~65 克。

2. 理气药

木香,辛苦温。功用:理气止痛,健脾开胃,疏肝解郁。主治:肚腹胀痛,脾虚胃弱,泻痢。用量:15~40 克。

香附,辛甘苦微寒。功用:理气解郁,活血止痛。主治:肚腹胀痛,血瘀气滞,脾虚胃弱。用量:15~35 克。

枳壳,苦酸微寒。功用:宽中下气,健脾开胃,积极通肠。主治:消化不良,结症。用量:15~65 克。

枳实,苦酸微寒。功用:破气宽中,消极通肠。主治:伤料,结症,牛瘤胃食滞,百叶干。用量:15~40 克。

丁香,苦辛温。功用:暖胃散寒,行气止痛,降逆止呕。主治:脾虚胃寒,冷痛,翻胃吐草。用量:15~35 克。

沉香,辛温。功用:理气止痛,降逆止呕。主治:消化不良,肚胀,结症。用量:15~40 克。

莱菔子,辛甘、平。功用:消极下气,平喘,利水。主治:结症,消化不良,肚胀,咳嗽,气喘,水肿。用量:25~50 克。

乌药,辛苦温。功用:顺气止痛,温中消食,暖肾缩尿。主治:肚腹胀痛,胃寒,频尿。用量:15~50 克。

藿香,辛微温。功用:疏风解表,行气化湿,和胃醒脾。主治:暑湿发热,冷肠泄泻。水肿。用量:15~35 克。

二、泻下药

1. 攻下药

大黄，苦寒。功用：泻火解毒，通便逐瘀。主治：结症，胃肠积食，热痢，疮黄。用量：18~100 克。

芒硝，咸苦寒。功用：润燥软坚，泻热通便。主治：胃肠积滞，粪便燥结。用量：60~190 克。

续随子，苦辛温。功用：润肠通便，行水逐痰。主治：结症，水肿。用量：15~35 克。

巴豆，辛热有毒，妊畜忌服，不可生用。功用：破积除结，逐痰杀虫。主治：结症，水肿，外用治恶疮。用量 3~7 粒。

2. 润下药

火麻仁，甘平。功用：润燥滑肠，利水杀虫。主治：结症，水肿，虫积。用量：30~60 克。

郁李仁，辛甘苦平。功用：润燥滑肠，通便利水。主治：结症，气胀腹痛，水肿。用量：15~30 克。

麻油，甘寒。功用：润燥滑肠。主治：结症，胃食滞。用量：30~500克。

三、渗湿逐水药

1. 渗湿药

车前子，甘寒。功用：利水清热，渗湿止泻。主治：小便淋涩，泄泻，热痢，眼目赤肿。用量：15~35 克。

木通，苦寒。功用：清热利尿，通经下乳。主治：尿淋涩，乳汁不下，泄泻。用量：15~50 克。

茯苓，甘淡平。功用：渗湿利尿，健脾安神。主治：尿不通，腹胀水肿，泄泻。用量：15~50 克。

猪苓,甘淡平。功用:行水渗湿,通淋漓,泻湿热。主治:尿不利,泄泻,水肿,黄疸。用量:15~50克。

泽泻,甘咸寒。功用:利水道,泻湿热。主治:尿不利,泻痢,水肿。用量:15~50克。

瞿麦,苦寒。功用:利水清热,破瘀通经。主治:热痢,尿血,胎衣不下。用量:18~35克。

滑石,甘淡寒。功用:利尿同淋,清热解暑。主治:尿不利,中暑,热痢,水泻,水肿。用量:18~60克。

灯芯草,甘寒。功用:清热利尿。主治:尿淋涩,胃热,心热。用量:3~40克。

通草甘,淡微寒。功用:清热利尿,通经下乳,破结。主治:尿不通,水肿。乳汁不下,粪便燥结。用量:12~30克。

防己,辛苦寒。功用:清热利水,祛风除湿。主治:下焦湿热,水肿,肺喘,风湿症。用量:15~40克。

淡竹叶,甘淡。功用:清热利尿。主治:尿不利,目赤肿痛。用量:10~30克。

2. 逐水药

大戟,苦寒有毒。功用:逐水消肿,祛痰止咳。主治:结症,水肿胀满。用量:10~15克。

甘遂,苦寒有毒。功用:逐水消肿,破结。主治:水肿胀满,结症。用量:10~15克。

芫花,辛苦温有毒。功用:逐水消肿,杀虫。主治:水肿胀满,外用治疥癞。用量:10~20克。

牵牛子,苦寒。功用:泻湿热,消水肿,通二便,杀虫。主治:水肿,尿不利,结症,虫积。用量:18~65克。

四、固涩药

1. 涩肠止泻药

乌梅酸,涩温。功用:涩肠止泻,敛肺止咳,杀虫,生津。主治:久痢下血,久咳不止,虫积。用量:15~35克。

诃子,苦酸涩温。功用:涩肠止泻,敛肺止咳。主治:冷肠泄泻,肠炎,脱肛,久咳喘息。用量:15~40克。

肉豆蔻,辛温。功用:健脾暖胃,涩肠止泻。主治:冷肠泄泻,脾虚胃寒,反胃吐草。用量:18~40克。

2. 敛汗固精药

五味子,酸咸涩温。功用:敛肺涩精,止泻。主治:咳嗽喘促,盗汗自汗,滑精,久泻不止。用量:15~50克。

山茱萸,酸涩温。功用:温补肝肾,涩精止汗,生肌收口。主治:滑精,盗汗,惊狂,泄泻,疮疡。用量:20~40克。

牡蛎,咸涩寒。功用:涩精止汗,软坚化痰,生肌。主治:滑精,带下,盗汗,疮疡。用量:30~65克。

五、解表药

1. 发散分寒药

麻黄,辛苦热。功用:发汗,平喘,利水。主治:风寒咳嗽,气喘水肿。用量:10~30克。

桂枝,辛甘温。功用:发汗解肌,温经通阳。主治:风寒咳嗽,四肢风湿症。用量:15~35克。

防风,辛甘温。功用:发汗解表,驱风除湿,解痉。主治:风寒表症,破伤风,风湿症。用量:15~50克。

荆芥,辛温。功用:解表祛寒,清热止血。主治:风寒表症,风湿症,破伤风。用量:15~50克。

细辛,辛温。功用:散风祛寒,行水定痛。主治:风寒表症,风湿症,冷痛,结症。用量:10~20克。

香薷,辛微温。功用:发汗解表,清暑利湿。主治:中暑,腹痛腹泻。用量:15~35克。

2. 发散风热药

柴胡,苦平。功用:解表散热,泻肝明目。主治:风热表症,肝经风热。用量:15~50克。

葛根,辛甘平。功用:解肌退热,生津开胃。主治:脾虚泄泻,风热表症,胃热。用量:15~50克。

薄荷,辛凉。功用:发散风热,清头目,利咽喉。主治:风热表症,咽喉肿痛,肝经风热。用量:15~30克。

升麻,甘苦微寒。功用:解表散热,升阳解毒。主治:咽喉肿痛,久痢不止,脱肛。用量:15~50克。

六、清热解毒药

1. 清热泻火药

知母,苦寒。功用:滋阴降火,润燥滑肠。主治:肺热,胃热,三喉症,肾炎,肿毒。用量:15~50克。

石膏,辛甘寒。功用:清热泻火,生津解毒。主治:胃热,肺热喘,咽喉肿痛。用量:15~50克。

栀子,苦寒。功用:清热泻火,清凉,利尿。主治:鼻衄,肺热,肝经风热,便血尿血,疮黄。用量:15~50克。

黄芩,苦寒。功用:清热泻火,凉血,安胎。主治:肺热,黄疸,疮黄,胎动不安。用量:15~50克。

黄连,苦寒。功用:清热,解毒,燥湿。主治:心热舌疮,疮黄血痢,目赤肿痛,疮黄。用量:15~50克。

黄柏,苦寒。功用:滋阴降火,除湿。主治:疮黄肿毒,尿血,痢疾,黄疸。用量:15~50克。

茵陈,苦微寒。功用:清热降火,除湿。主治:疮黄肿毒,黄疸,尿不利。用量:15~55克。

玄参,苦咸微寒。功用:清热降火,清热解毒。主治:三喉症,肾炎,肺热。用量:15~50克。

2. 清热凉血药

生地黄,甘苦寒。功用:清热凉血。主治:咽喉肿痛,血痢,目赤肿痛。用量:15~60克。

牡丹皮,辛苦微寒。功用:清热凉血,活血散瘀。主治:感冒发热,疮黄,便血。用量:15~40克。

地骨皮,甘寒。功用:清热凉血。主治:肺热喘咳,便血,衄血。用量:15~50克。

白头翁,苦寒。功用:凉血止痢,清热解毒。主治:肠癖泻痢。用量:18~35克。

3. 清热解毒药

金银花,甘寒。功用:清热解毒,散痛消肿。主治:肺热,肠炎,疮黄肿毒,三喉症。用量:15~65克。

连翘,苦,微寒。功用:清热解毒,散结,清肿。主治:肺热,疮黄肿毒,血痢。用量:15~50克。

地丁,苦寒。功用:清热解毒,散结消肿。主治:疮黄肿毒。用量:15~50克。

射干,苦寒微毒。功用:清热解毒,降气消痰。主治:咽喉肿痛,肺热。用量:15~35克。

山豆根,苦寒。功用:清热解毒,消肿散痛。主治:疮黄肿毒,咽

喉肿痛,肺热。用量:15~40克。

黄药子,苦平。功用:清热解毒,凉血消肿。主治:肺热,衄血,疮黄肿毒。用量:15~50克。

白药子,辛苦热。功用:消肿解毒,理肺止咳。主治:咳嗽,疮黄肿毒。用量:15~50克。

七、止咳化痰平喘药

1. 清痰药

桔梗,苦辛寒。功用:清咽利膈,宣肺散风,化痰止咳。主治:肺热咳嗽,感冒,咽喉肿痛。用量:15~50克。

贝母,苦甘寒。功用:润肺清热,化痰止咳。主治:肺热,三喉症,肺虚久咳,过力伤肺。用量:15~50克。

百合,苦寒。功用:清肺止咳,清热利水。主治:肺虚久咳,肺痈,肺胀,鼻流脓涕。用量:18~70克。

百部,甘苦微寒。功用:清肺止咳,杀虫灭疥。主治:肺热,肺痈,外用治疥癞。用量:18~60克。

天花粉,甘酸寒。功用:清热润肺,止咳,平喘,生津。主治:肺热,过力伤肺,三喉症。用量:18~35克。

瓜蒌,甘寒。功用:清热润肺,化痰止咳,润肺通便。主治:肺热,过力伤肺,粪便干燥。用量:15~50克。

麦门冬,甘苦寒。功用:清心润肺,养胃生津,化痰止咳。主治:肺热,胃热,肿痛,三喉症。用量:15~50克。

天门冬,甘苦寒。功用:滋阴润肺,清热,化痰止咳。主治:鼻衄,肺热,过力伤肺。用量:15~50克。

桑白皮,甘寒。功用:止咳平喘,泻肺利水。主治:肺热,咽喉肿痛,水肿。用量:15~50克。

橘红,苦辛温。功用:下气,消痰,健脾。主治:咳嗽痰多,呕吐腹泻。用量:15~50克。

硼砂,甘咸平。功用:化痰止咳,收敛制腐。主治:肺热,胃热,咽喉肿痛,舌疮。用量:15~50克。

牛蒡子,苦寒。功用:清肺化痰,消肿解毒。主治:肺热,肺风毛燥,三喉症,疮黄。用量:15~40克。

2. 温痰药

半夏,辛温有毒。功用:燥湿化痰,和胃止呕。主治:痰湿咳嗽,翻胃吐草,肺寒吐沫。用量:15~50克。

天南星,辛苦温有毒。功用:祛风解痉,燥湿化痰。主治:顽痰咳嗽,惊痫,破伤风。用量:15~35克。

白芥子,辛温。功用:利气除痰,消肿止痛。主治:寒湿咳嗽。用量:15~35克。

旋覆花,咸温。功用:消痰利水,降气止呕。主治:痰壅喘急,反胃呕吐。用量:15~35克。

八、止咳平喘药

款冬花,甘辛温。功用:润肺止咳,下气平喘。主治:过力伤肺咳嗽,鼻流脓涕。用量:15~50克。

杏仁,苦温有小毒。功用:祛痰止咳,润肺平喘。主治:外感风寒咳嗽,过力伤肺。用量:15~50克。

马兜芩,苦辛微寒。功用:消肺止咳,降气平喘。主治:肺热咳嗽,三喉症,过力伤肺。用量:15~50克。

紫苑,苦甘温。功用:润肺化痰,止咳平喘。主治:过力伤肺,鼻流脓涕,鼻衄。用量:15~60克。

苏子,辛温。功用:祛痰止咳,降气平喘。主治:过力伤肺,肺热

喘,肺胀。用量:15~50克。

白果仁,甘苦温。功用:敛肺平喘,涩肠。主治:过力伤肺,感冒,肠风下血。用量:18~50克。

蛤蚧,咸温有小毒。功用:补肺暖肾,止咳平喘。主治:肺虚咳嗽,阳痿滑精。用量:1对。

葶苈子,辛苦寒。功用:利水,祛痰平喘。主治:肺热,咳嗽痰喘,水肿。用量:15~50克。

枇杷叶,苦平。功用:清肺化痰,降气和胃。主治:肺热喘,胃热。用量:15~35克。

九、芳香开窍药

石菖蒲,辛温。功用:宁神开窍,养心安神,宽中开胃。主治:心疯狂,风湿痹症。用量:18~60克。

皂角,辛咸温。功用:通窍,消胀,堕胎。主治:昏厥,腹痛,胎衣不下,用量:10~35克。

白芷,辛温。功用:祛风发表,活血止痛。主治:感冒,腹痛,肺风毛燥。用量:15~35克。

十、除寒药

干姜,辛温。功用:温中散寒,回阳救逆。主治:脾胃寒,冷痛,泄泻,反胃吐草。用量:15~40克。

茴香,辛甘温。功用:温脾暖胃,暖腰除寒。主治:脾胃寒,泄泻,腰背冷痛。用量:15~65克。

附子,辛甘热有毒。功用:温中除寒,回阳救逆。主治:脾胃寒,冷痛,水肿,风寒湿痹。用量:15~35克。

肉桂,辛甘热。功用:温中散寒,补阳救逆。主治:脾胃寒,冷痛,水肿,泄泻,风寒湿痛。用量:15~35克。

吴茱萸,辛苦温。功用:温中散寒,顺气止痛。主治:冷痛,脾胃寒,泄泻,翻胃吐草。用量:15~35克。

草果,辛温。功用:温脾健胃,除寒燥湿。主治:脾胃寒,翻胃吐草,泄泻。用量:15~50克。

艾叶,苦温。功用:温中散寒,调经止痛,止血安胎。主治:冷痛,带症,便血,胎动不安,外用灸料。用量:15~35克。

十一、补养药

1. 补气药

党参,甘平。功用:补脾养胃,益气生津。主治:脾虚胃弱,过力伤肺,心虚,产后诸症。用量:15~70克。

黄芪(蓍),甘温。功用:补脾益气,固表止汗,托疮生肌。主治:脾虚胃弱,过力伤肺,自汗,盗汗,疮疡。用量:15~70克。

白术,甘苦温。功用:健脾燥湿,补气益胃,安胎。主治:脾虚胃弱,泄泻,胎动不安,带症。用量:15~50克。

山药,甘平。功用:健脾和胃,补肺益肾。主治:脾胃弱,过力伤肺,肾虚腰痛,带症。用量:15~60克。

甘草,甘平。功用:补脾益胃,润肺止咳,和解百药。主治:脾虚胃弱,过力伤肺,疮黄。用量:15~70克。

2. 补血药

当归,甘辛温。功用:补血温中,活血温中,活血散瘀,润肠通便。主治:血虚,痈疽肿痛,便秘,风湿症。用量:15~70克。

白芍,苦酸微寒。功用:生血,凉血,养肝益脾。主治:血虚、血瘀,肠炎,尿血。用量:15~65克。

熟地,甘微温。功用:滋阴,补血,明目。主治:血虚,肝虚目昏,产后诸症。用量:15~70克。

阿胶,甘平。功用:滋阴养血,润肺安胎,主治:肺虚咳喘,产后诸症。用量:15~65克。

何首乌,苦甘温。功用:补肝益胃,养血敛精。主治:脾虚,滑精,脱肛。用量:15~50克。

3. 助阳药

肉苁蓉,甘酸咸温。功用:暖肾壮阳,润肠通便。主治:阳痿,滑精,寒伤腰胯,便秘。用量:15~60克。

杜仲炭,甘微辛温。功用:温补甘肾,强筋壮骨。主治:寒伤腰胯,四肢风湿症,阳痿滑精。用量:15~50克。

续断,苦辛微温。功用:补肝肾,续筋骨,通血脉,利关节。主治:筋骨折断,跌打损伤,风湿痹痛。用量:15~50克。

巴戟天,辛苦温。功用:暖肾壮阳,强筋壮骨,祛风除湿。主治:肾寒腰痛,后肢疼痛,阳痿,滑精。用量:15~35克。

骨碎补,苦温。功用:强筋健骨,活血祛瘀。主治:跌打损伤,肾寒腰痛,产后胎风。用量:15~70克。

破故纸,辛苦温。功用:暖肾,温脾,强筋壮骨。主治:寒伤腰胯,脾肾阳虚,肾炎,产后胎风。用量:15~50克。

葫芦巴,苦温。功用:暖肾壮阳,温中止痛。主治:寒伤腰胯,阳肾黄,阳痿。用量:15~40克。

4. 养阴药

海参,甘苦微寒。功用:养阴清肺,止咳。主治:肺虚咳嗽,肺痛。用量:15~50克。

枸杞子,甘平。功用:滋补肝肾,益精明目。主治:肾虚腰痛,肝虚目昏。用量:15~70克。

十二、理血药

1. 活血药

川芎,辛温。功用:活血理气,搜风止痛。主治:闪伤,痈肿,风湿症,胎衣不下,带症。用量:15~50克。

赤芍,苦酸微寒。功用:活血散瘀,清热止痛。主治:闪伤,痈肿,便血,目赤肿痛。用量:15~50克。

红花,辛温。功用:活血破瘀,通经止痛。主治:闪伤,痈肿,产后瘀滞,便血。用量:15~50克。

桃仁,苦甘平。功用:破血行瘀,润燥滑肠。主治:闪伤,痈肿,便血,带症。用量:15~40克。

血竭,甘咸平。功用:散瘀生新,活血止痛。主治:跌打损伤,痈疽肿痛,生肌收口。用量:15~50克。

乳香,辛温。功用:调气活血,消肿止痛。主治:痈疽疮肿,跌打损伤,产后诸症。用量:15~50克。

没药,苦平。功用:行气散瘀,消肿止痛,排脓生肌。主治:闪伤痈肿,产后腹痛。用量:15~60克。

牛膝,苦酸平。功用:活血散瘀,补肝肾。主治:衄血,内伤瘀血,腰膝痛。用量:15~45克。

郁金,苦辛微寒。功用:行气解郁,凉血破瘀。主治:衄血,便血,产后腹痛。用量:15~50克。

蒲黄,苦平。功用:生用活血,炒用止血。主治:扑损痈肿,衄血,便血,带症。用量:15~35克。

益母草,辛苦微寒。功用:活血调经,祛瘀生新。主治:乳黄,产后血瘀,难产,缺乳。用量:15~70克。

2. 止血药

汉三七,甘苦温。功用:止血行血,消肿定痛。主治:内伤,外伤出血;外用治漏蹄。用量:15~50 克。

血余炭,苦微寒。功用:止血,生肌和疮。主治:衄血,外伤出血;外用治漏蹄。用量:15~35 克。

白芨,苦平。功用:补肺,生肌,止血,散瘀。主治:肺虚咳嗽,疮疡,衄血,便血。用量:15~35 克。

地榆炭,苦微寒。功用:凉血,止血,收敛,止痛。主治:血痢,便血,尿血,烧伤。用量:15~35 克。

十三、祛风湿药

芜活,辛苦温。功用:散风解表,祛寒除湿,止痛。主治:风寒表征,风湿,骨节疼痛,破伤风。用量:15~50 克。

独活,辛温。功用:疏风解痉,祛湿痛痹。主治:风湿症,四肢腰胯痛,破伤风。用量:15~65 克。

秦艽,苦辛平。功用:舒筋活血,祛风除湿。主治:四肢风湿症,肠风便血,尿血。用量:15~50 克。

藁本,辛温。功用:祛风除湿,散寒止痛。主治:风寒湿痹,腰胯肿痛,破伤风。用量:15~50 克。

木瓜,酸温。功用:祛风湿,利关节,理脾胃。主治:风湿痹痛,浮肿,泄泻。用量:15~40 克。

十四、安神镇惊药

1. 安神定志药

茯神,甘淡平。功用:宁心安神。主治:心虚,惊恐,神志昏迷,尿不利。用量:15~50 克。

远志,苦温。功用:养心安神,镇咳化痰。主治:心虚,惊恐,心黄,脾虚咳嗽。用量:15~50克。

酸枣仁,甘酸平。功用:定心安神,补肝胆,敛汗。主治:心虚,惊恐,自汗,盗汗。用量:15~50克。

朱砂,甘寒。功用:镇心安神,清热解毒。主治:脑炎,破伤风,黑汗风。用量:6~15克。

2. 熄风镇惊药

天麻,辛温。功用:熄风镇惊,活血通痹。主治:破伤风,惊痫,风湿症。用量:15~35克。

钩藤,甘寒。功用:熄风镇惊,清热平肝。主治:惊痫,口角歪斜,破伤风。用量:15~50克。

蜈蚣,辛温有毒。功用:祛风镇惊,解毒疗疮。主治:惊痫,破伤风,肿毒,蛇咬伤。用量:二条至五条。

金蝎,甘辛平。功用:祛风镇痉。主治:破伤风,肿毒,四肢风湿症。用量:15~35克。

白僵蚕,辛甘平。功用:祛风镇惊,化痰。主治:破伤风,歪嘴风,风湿痛,癫痫症。用量:15~35克。

乌蛇,甘平。功用:祛风止痛,攻毒镇惊。主治:破伤风,歪嘴风,风湿痛、癫痫症。用量:15~35克。

十五、平肝明目药

石决明,咸平。功用:平胆明目,清热息风,退翳膜。主治:肝经风热,感冒,外障眼,月发眼,心黄。用量:15~65克。

草决明(决明子),咸苦甘平。功用:清肝明目,退翳膜。主治:肝经风热,内外障眼,月发眼。用量:15~65克。

木贼,甘苦平。功用:退翳膜,明眼目。主治:内外障眼,月发眼。用量:15~35克。

菊花,苦甘微寒。功用:平胆明目,清热解毒。主治:肝经风热,感冒,外障眼,月发眼。用量:15~35 克。

龙胆,草苦寒。功用:泄肝明目,清热利湿。主治:肝经风热,夜盲,内外障眼,肠黄。用量:15~50 克。

青葙子,苦微寒。功用:清肝明目。主治:肝经风热,夜盲,内外障眼。用量:15~50 克。

夜明砂,辛寒。功用:清肝明目,内障眼。用量:15~45 克。

蝉蜕,甘咸寒。功用:发散风热,退翳膜。主治:外感风热,内外障眼,破伤风。用量:15~35 克。

密蒙花,甘微寒。功用:清热散风,明目退翳。主治:肝经风热,外障眼,月发眼。用量:15~35 克。

白蒺藜,苦温。功用:平肝明目,行血散瘀。主治:血贯瞳仁,肝经风热,外障眼。用量:15~50 克。

谷精草,辛温。功用:散风湿,除翳膜。主治:月盲眼,翳膜。用量:18~50 克。

十六、驱虫杀虫药

槟榔,苦辛温。功用:降气破滞,杀虫行水。主治:姜片虫,绦虫,蛔虫,结症,水肿,腹痛。用量:18~65 克。

贯仲,苦微寒。功用:杀虫,消积,清热解毒。主治:蛔虫,绦虫,食积,诸疮。用量:30~60 克。

使君子,甘温。功用:杀虫,健脾,消食。主治:蛔虫,疥癣。用量:30~65 克。

雷丸,苦寒。功用:杀虫,消积。主治:蛔虫,绦虫,用量:15~50 克。

石榴皮,酸涩温。功用:杀虫,涩肠止泻。主治:蛔虫,泄泻,痢疾。用量:18~50 克。

鹤虱，苦平。功用：灭诸虫。主治：胃肠寄生虫，体外疥癣病。用量：15~50 克。

苦参，苦寒。功用：杀虫，清热解毒。主治：蛔虫，痢疾，肿毒，外用治疥癣。用量：15~35 克。

苦楝子，苦寒。功用：杀虫，行气止痛，降湿热。主治：蛔虫，蛲虫，腰胯疼痛，阴肾黄。用量：18~65 克。

大枫子，辛热有毒。功用：杀虫，燥湿，解毒。主治：外用治疥癣。用量：适量。

十七、催情药

淫羊藿，辛苦平。功用：壮阳益精。主治：公畜不妊。用量：15~40 克。

阳起石，咸温。功用：暖肾，壮阳益精。主治：公畜阳痿，母畜不妊。用量：15~35 克。

十八、催乳药

王不留行，苦平。功用：活血调经，催生，下乳。主治：乳汁缺少，难产，乳痈。用量：15~35 克。

穿山甲，辛酸微寒。功用：通经下乳，散肿排脓。主治：乳汁缺少，乳痈，肿毒。用量：15~35 克。

漏芦，苦辛寒。功用：通经下乳，清热解毒。主治：乳汁缺少，乳痈，疮肿。用量：15~30 克。

十九、外用药

青黛，酸咸寒。功用：清热解毒，凉血，止血。主治：舌疮，三喉症，肿毒。用量：10~30 克。

硇砂，苦辛温有毒。功用：去腐生肌，明目退翳，祛痰。主治：内服治痰壅气喘，外用治目翳，恶疮。用量：1~1.5 克。

儿茶,苦微寒。功用:清热解毒,止血,止痛,收敛生肌。主治:疮溃疡,咳嗽,损伤。用量:15~30 克。

炉甘石,甘温。功用:明目退翳,去腐生肌,燥湿。主治:睛生翳膜,疥癣,疮疡。用量:适量。

轻粉,辛寒有毒。功用:杀虫,消积祛痰,防腐生肌。主治:疥癞,恶疮,痈疽。用量:1.5~7 克。

雄黄,辛酸热有毒。功用:燥湿,杀虫,解毒消肿。主治:内服治诸虫,惊痫;外用治疥癞,疮痈。用量:3~20 克。

硫黄,辛甘热有毒。功用:内服温中,壮阳,外用杀虫。主治:内服治阳虚,阴寒腹痛;外用治疥癞。用量:1.5~7 克。

冰片,辛苦微寒。功用:通窍,去翳,消肿止痛。主治:内服治中暑,惊痫,外用治目翳,疮痈。用量:1.5~7 克。

明矾,酸涩寒。功用:燥湿,杀虫,化痰,收敛。主治:内服治衄,鼻流脓涕;外用治脱肛疮疡。用量:15~30 克。

石灰,辛温。功用:蚀恶肉,止出血。主治:疮肿溃疡,烫、火伤。用量:适量。

后　记

　　家畜阉割术是一门古老的医术,也是一门农村实用技术。本人祖辈就从事兽医工作,特别是精通各种家畜的阉割技术,经过几代人的共同努力、艰苦探索和不断总结,已形成了一套较为成熟的技术体系。本书重点对小公猪、小母猪等阉割术进行了详细的介绍,并提供了现场操作的图片。对其他家畜的阉割技术、家畜常见传染病、寄生虫病和中毒的防治作了介绍,最后提供了家畜常用中草药配方,具有很强的实用性和可操作性。

　　多年来,我国农业院校培养了大批畜牧兽医专业技术人才,但这些人才大多被分配到了专业部门和大型养殖企业。其中一些人虽然有很强的专业理论知识,但缺乏实践经验,很难为农村养殖户提供满意的服务。畜牧养殖业是农牧民改善生活、脱贫致富增加经济收入来源的重要支柱产业。本人长期在农牧区从事兽医工作,深知在农村有着数量众多养殖户,中、小及个体养殖户对阉割术及家畜病、虫、毒害的防治技术有着巨大的需求。国家虽然也建立了畜牧业的技术推广体系,但很难面面俱到。由于养殖户技术缺乏,在家畜生长过程中往往错过了最佳手术期,生病时错过了最佳治疗期,因此造成了不必要的损失。特别是在一些边远山

区,养殖户居住的相对分散,加上离城较远,交通不便,一旦发生急性病,等兽医赶到,家畜已经死掉了。根据本书提供的一些"土"办法,只要家里准备一些简单的药品和工具就能收到立竿见影的效果。同时,本书可作为基层兽医、专业养殖户及相关人员参考。

在本书的编辑出版,得到了阳光出版社科技编辑室的大力支持。在审稿过程中,宁夏大学农学院副院长,国家级专家何生虎教授提出了很多宝贵意见,在此一并表示感谢。

由于本人水平有限加上收集资料不全,缺陷和错误在所难免。希望广大读者给予批评指正。

作者

2012.12